Epigenética

Richard C. Francis

Epigenética

Como a ciência está revolucionando o que sabemos sobre hereditariedade

Tradução:
Ivan Weisz Kuck

Revisão técnica:
Denise Sasaki

7ª reimpressão

Para minha mãe, Carol Francis,
e meu pai, Richard W. Francis.

Tradução autorizada da primeira edição americana, publicada em 2011
por W.W. Norton & Company, de Nova York, Estados Unidos

Grafia atualizada segundo o Acordo Ortográfico da Língua Portuguesa de 1990, que entrou em vigor no Brasil em 2009.

Título original
Epigenetics: The Ultimate Mystery of Inheritance

Capa
Sérgio Campante

Preparação
Angela Ramalho Vianna

Revisão
Eduardo Monteiro
Mariana Oliveira

Indexação
Gabriella Russano

CIP-Brasil. Catalogação na fonte
Sindicato Nacional dos Editores de Livros, RJ

F892e
Francis, Richard C.
Epigenética: como a ciência está revolucionando o que sabemos sobre hereditariedade / Richard C. Francis; tradução Ivan Weisz Kuck. – 1ª ed. – Rio de Janeiro: Zahar, 2015.
il.

Tradução de: Epigenetics: The Ultimate Mystery of Inheritance.
Inclui bibliografia e índice
ISBN 978-85-378-1401-7

1. Genética. 2. Hereditariedade. I. Título.

14-18050
CDD: 576.5
CDU: 575

EDITORA SCHWARCZ S.A.
Praça Floriano, 19, sala 3001 – Cinelândia
20031-050 – Rio de Janeiro – RJ
Telefone: (21) 3993-7510
www.companhiadasletras.com.br
www.blogdacompanhia.com.br
facebook.com/editorazahar
instagram.com/editorazahar
twitter.com/editorazahar

Sumário

Prefácio

A roupagem dos genes

EIS UM ENIGMA. Pense no caso de dois irmãos, ambos com vinte anos. Um deles – vamos chamá-lo de Al – era um típico jovem do sexo masculino. Quanto ao outro, não se pode dizer que fosse de forma alguma normal para a idade. Bo parecia mais um pré-adolescente: músculos pouco desenvolvidos, nem um fio de barba e voz fina. A preocupação da mãe era compreensível e, logo após o 20º aniversário do filho, ela o convenceu a ir ao médico. Quando Bo tirou a roupa, o médico imediatamente percebeu que algo estava faltando – a genitália. Um exame mais atento revelou que os órgãos genitais estavam ali, mas não eram nada do que se esperava em um jovem de vinte anos. Pareciam atrofiados. Foi diagnosticada síndrome de Kallmann, distúrbio do desenvolvimento sexual.[1] O mistério é que Al e Bo eram gêmeos idênticos, clones naturais. Então, o que teria havido com Bo? Por que não sucedera o mesmo com Al?

A síndrome de Kallmann se manifesta como uma estranha mistura de problemas. Além do desenvolvimento sexual, o olfato também é afetado. Nas pessoas que padecem da doença, esse sentido é muito prejudicado; para algumas, ele nem sequer existe. A conjunção parece estranha, mas reflete o fato de que a síndrome se manifesta pela formação defeituosa de determinada parte do cérebro do embrião, o placoide olfatório.[2] Como diz o nome, é a partir dessa estrutura embrionária que o olfato se desenvolve, mas é lá também que se originam certos neurônios que desempenham papel importantíssimo no desenvolvimento sexual. Durante o desenvolvimento normal, esses neurônios migram do placoide para o hipotálamo. Nos indivíduos afetados pela síndrome a migração é interrompida.

Também é digno de nota que, embora apenas Bo tenha tido o desenvolvimento sexual prejudicado, os dois irmãos apresentavam a mesma deficiência olfativa; afinal, tanto um quanto outro sofria do mesmo distúrbio. Por que o caso de Bo era tão mais grave? A síndrome de Kallmann é considerada uma doença genética.[3] Contudo, qualquer problema genético que pudesse haver contribuído para o problema de Bo estaria presente também em Al. O que, afinal, os dois *não* compartilhavam? A história de Al e Bo se baseia num estudo de caso real,[4] um dos mais incríveis exemplos de *divergência* entre gêmeos geneticamente idênticos. Os clones naturais estão longe de ser iguais, e é por esse motivo que o termo "gêmeos idênticos" foi substituído por *gêmeos monozigóticos*.[5] As discrepâncias às vezes são resultado de processos bioquímicos de caráter totalmente aleatório. Uma forma de aleatoriedade bioquímica que conhecemos bem é a mutação, que altera a sequência do DNA. É possível, mas muito pouco provável, que o DNA de Bo tenha sofrido alguma mutação posterior à divisão do óvulo fecundado, caso em que os gêmeos seriam geneticamente diferentes. É bem mais plausível que as diferenças entre Al e Bo sejam de natureza epigenética.

A palavra *epigenética* se refere a alterações persistentes do DNA que não envolvem mudanças na sequência em si. Talvez o DNA de Al tenha passado por alterações epigenéticas que amenizaram a síndrome, ou talvez o DNA de Bo tenha sido epigeneticamente alterado de modo a agravá-la.

O gene em estado puro é constituído pelo DNA na forma da famosa dupla-hélice. Em nossas células, porém, são raros os genes em estado puro. Na verdade, eles se apresentam envolvidos por diversas outras moléculas orgânicas, com as quais estão ligados quimicamente. A importância desses revestimentos químicos está na capacidade de alterar o comportamento dos genes aos quais estão ligados, tornando-os mais ou menos ativos. O que os torna ainda mais importantes é a capacidade que têm de durar longos períodos de tempo, às vezes por toda a vida.

A epigenética é o estudo de como são feitas e desfeitas essas ligações químicas de longa duração reguladoras dos genes.[6] Em alguns casos, tais conexões se fazem e desfazem mais ou menos ao acaso, como as mutações. Com frequência, porém, as mudanças epigenéticas acontecem em resposta ao ambiente, à alimentação, aos poluentes a que somos expostos e até às interações sociais. Os processos epigenéticos ocorrem na interação entre ambiente e genes.

Voltando aos gêmeos Al e Bo, é impossível saber se a origem de suas diferenças está em discrepâncias epigenéticas aleatórias ou ambientais. Tampouco sabemos, nesse caso em particular, quais os genes envolvidos. É possível que sejam os mesmos cujas mutações são responsáveis pela síndrome de Kallmann, ou que as divergências epigenéticas ocorram em outros genes totalmente diferentes que influenciam o desenvolvimento sexual. Um só estudo de caso não basta para determinar isso.

Al e Bo continuarão a divergir epigeneticamente ao longo da vida. Essas diferenças farão com que um ou outro seja mais suscetível a doença de Alzheimer, lúpus (lúpus eritematoso sistêmico) ou câncer, entre outras moléstias.[7] A epigenética do câncer é especialmente bem estudada. Nas células cancerosas, muitos genes perdem seus grupos metila normais – são *desmetilados*. A desmetilação provoca uma série de atividades gênicas anormais, e uma das consequências disso é que as células proliferam sem controle. O que caracteriza o câncer não é nenhuma mutação específica, mas essa desmetilação global. A notícia é boa porque, ao contrário das mutações, as alterações epigenéticas são reversíveis. Boa parte dos estudos de epigenética médica visa a descobrir maneiras de reverter eventos epigenéticos patológicos. Muitos enxergam na epigenética o potencial de revolucionar a medicina.

Outra área de intensa atividade nas pesquisas epigenéticas é o ambiente fetal. As diferenças epigenéticas entre Al e Bo são menores que as observadas entre irmãos não gêmeos porque os dois passaram a vida em ambientes semelhantes. Isso é especialmente verdadeiro quando se trata das condições experimentadas no útero materno. Fossem quais fossem os hábitos alimentares da mãe durante a gravidez, ambos foram igualmente afetados por eles. O mesmo vale para qualquer estresse que a gestante possa haver sofrido. Na maioria das vezes, porém, são marcantes as diferenças ambientais no desenvolvimento fetal dos irmãos. As alterações epigenéticas resultantes fazem com que um ou outro seja mais suscetível a obesidade, diabetes, doenças cardíacas e arteriosclerose, ou depressão, ansiedade e esquizofrenia.

Embora a epigenética de nossos males desperte mais interesse, outros tipos de processos epigenéticos são mais fundamentais para o biólogo. De especial importância é o problema do desenvolvimento: como um óvulo fecundado se transforma numa pessoa como eu ou como você. Essa questão pode ser decomposta em subproblemas. Graças às pesquisas epigenéticas há grandes progressos na solução de um desses subproblemas, o da diferenciação celular. Todos nós passamos por um estágio no qual fomos uma bola oca formada por células genéricas chamadas *células-tronco*. Elas não são apenas geneticamente idênticas, são também fisicamente indistinguíveis. Como, então, chegamos a ter células de pele, células sanguíneas, neurônios, fibras musculares, células ósseas etc., todas geneticamente idênticas? A epigenética traz a chave para a decifração desse mistério.

A epigenética também está envolvida em alguns segredos da hereditariedade. Nossos pais dão, separadamente, contribuições genéticas iguais para sermos quem somos. Suas contribuições epigenéticas, porém, são desiguais. Faz diferença herdar alguns genes do pai ou da mãe. Esses genes são epigeneticamente ativados quando recebidos por via materna e inativados quando nos chegam por via paterna (e vice-versa). Outros estados epigenéticos, alguns deles desencadeados por fatores ambientais, podem ser transmitidos de avós para netos.

Este livro é uma introdução à epigenética para aqueles que não estão familiarizados com esse novo e fascinante campo de estudos. A obra foi escrita para o não especialista que procura se informar sobre tema tão importante. O âmbito da epigenética é vasto demais para receber tratamento abrangente – que, de todo modo, não seria adequado para os leitores aos quais me dirijo. Tratarei apenas de alguns dos pontos mais importantes, esperando com isso dar uma ideia geral de como as coisas funcionam.

Tenho também um propósito secundário envolvendo as implicações da epigenética. Acredito que ela irá provocar uma mudança substancial em nosso modo de pensar os genes, o que são e o papel que desempenham, em especial em nosso desenvolvimento desde a fecundação do óvulo. Na visão tradicional, os genes atuam como executivos dirigindo o curso de nosso desenvolvimento. Na visão alternativa, por mim adotada, a função executiva fica a cargo da célula e os genes funcionam mais como recursos à disposição dela. Procurei apresentar o conteúdo deste livro de maneira que o leitor, embora não estritamente interessado em meu propósito secundário, apreenda algo de proveitoso sobre a epigenética.

Ao longo do texto, enfatizo as pesquisas mais diretamente relacionadas à condição humana, sobretudo por acreditar que essa é a melhor maneira de estabelecer uma comunicação com os não cientistas. Contudo, os seres humanos não são muito bons como objetos de estudo por razões éticas e práticas. Algumas das melhores pesquisas epigenéticas são feitas em vegetais, mas só recorro a esse material quando não consigo encontrar exemplos mais próximos de nós. Prefiro me concentrar em modelos animais, em particular nos mamíferos. Não atribuo nenhum destaque – como é de praxe em muitos livros de divulgação científica – a laboratórios, pesquisadores ou experimentos específicos. Uma das principais razões para isso é não atrapalhar o fluxo narrativo. A área abordada é muito ampla, e o número de pesquisadores cujos trabalhos são citados é grande demais para que meu projeto se concentre em um só ou mesmo num punhado deles. Ao contrário, quero manter o leitor concentrado naquilo que foi revelado pelas pesquisas. A pessoa que quiser mais informações sobre os pesquisadores e as pesquisas aqui mencionados as encontrará na seção de Notas.

Esforcei-me ao máximo para manter o corpo do texto o menos técnico possível. Os interessados em mais detalhes também devem consultar as notas de cada capítulo. Os tópicos epigenéticos debatidos são tratados numa ordem determinada, de modo que cada capítulo se baseia, até certo ponto, nos anteriores.

O Capítulo 1 trata de um evento histórico, a "fome holandesa", durante a Segunda Guerra Mundial, e suas consequências epigenéticas. No decorrer dos capítulos seguintes, o leitor aos poucos terá instrumentos para entender como foi possível que a fome exercesse influência de longo prazo sobre a saúde não apenas daqueles que a viveram no ventre materno, mas também dos filhos deles. Primeiro, no Capítulo 2, forneço algumas noções básicas de genética, essenciais para o entendimento da epigenética, incluindo o conceito fundamental de regulação gênica. O Capítulo 3 trata da variação gênica do tipo feijão com arroz, isto é, do que já sabíamos sobre esse processo quando ainda não conhecíamos a regulação gênica epigenética. Nos Capítulos 4, 5 e 6 nos aprofundamos nessa regulação e no modo como ela é influenciada pelo ambiente, desde o útero. No Capítulo 7 passamos a tratar da herança dos estados epigenéticos, incluindo aqueles induzidos pelo ambiente fetal e social. A essa altura, podemos entender melhor por que os efeitos da fome holandesa persistem até hoje. No restante do livro, vamos além do que o exemplo da fome holandesa pode nos ensinar e exploramos aquelas que são, para os biólogos, as aplicações mais importantes da epigenética, incluindo as células-tronco e o câncer.

1. O efeito avó

UMA DAS ATROCIDADES menos conhecidas da Segunda Guerra Mundial foi cometida durante os últimos meses do conflito. Em setembro de 1944, os alemães estavam em retirada por quase toda a Europa. Conservavam, no entanto, um bastião na populosa região nordeste da Holanda, de importância estratégica e simbólica para a fragilizada causa nazista. Mas o domínio germânico da área era ameaçado pelas forças aliadas que avançavam a partir do sul, contando com o apoio de uma greve ferroviária convocada pelo governo holandês no exílio. Embora o avanço aliado tenha sido detido em Arnhem, os alemães instituíram um embargo de alimentos em retaliação à greve e a outras ações hostis dos guerrilheiros holandeses. Infelizmente, o bloqueio coincidiu com o início de um inverno especialmente severo, durante o qual os canais congelaram, interrompendo o transporte feito por barcaças. A situação se deteriorou ainda mais quando, em resposta ao avanço das tropas aliadas vindas do sul, os alemães, que já recuavam, destruíram o que restava da infraestrutura de transporte e inundaram a maior parte das terras cultiváveis do oeste holandês.

Até o final de novembro, a dieta da maioria dos habitantes das principais cidades da região oeste da Holanda, incluindo Amsterdã, se reduziu a apenas mil calorias diárias, uma enorme queda em comparação com as 2.300 normalmente consumidas por uma mulher de vida ativa, ou as 2.900 consumidas por um homem ativo.[1] No fim de fevereiro de 1945, as provisões haviam se reduzido a 580 calorias em algumas partes do oeste holandês. Para reforçar esse magro cardápio – que consistia basicamente em pão, batatas e um torrão de açúcar –, os habitantes das cidades eram forçados a caminhar muitos quilômetros até as fazendas mais próximas, onde trocavam todas as suas posses por comida. Àqueles que não dispunham de recursos para trocar restava como último recurso comer bulbos de tulipa e beterrabas cultivadas para a produção de açúcar. Os piores efeitos da fome, em larga medida, ficaram restritos às grandes cidades da parte oeste do país, afetando sobretudo os mais pobres e a classe média. Nas áreas rurais da mesma região, os camponeses eram autossuficientes. A região leste da Holanda – onde vivia cerca da metade da população – quase não foi afetada.

Quando a Holanda foi liberada pelos Aliados, em maio de 1945, 22 mil pessoas haviam morrido no oeste do país. As mortes por desnutrição são o padrão tradicional para mensurar os efeitos de um período de fome. Esse padrão, porém, se revela inadequado, pois muitos dos sobreviventes também foram gravemente afetados, em especial aqueles que sofreram a fome ainda na barriga de suas mães. Esse grupo se tornou parte do Estudo de Coorte dos Nascimentos na Fome Holandesa (Dutch Famine Birth Cohort Study), pesquisa pioneira sobre desnutrição e que ainda hoje se mantém em atividade.[2]

A fome holandesa é um caso singular, pois foi possível determinar com precisão as datas de início e fim. Além disso, depois desse período, os holandeses mantiveram e conservaram os registros meticulosos sobre a saúde de todos os cidadãos. Essas duas circunstâncias constituem o que os cientistas chamam de *experimento natural*. Clement Smith foi o primeiro a reconhecer esse fato.[3] Smith, da Harvard Medical School, fazia parte de um grupo de médicos britânicos e americanos enviado para o país em maio de 1945, logo após a rendição alemã. Ele viu naquela tragédia uma oportunidade para melhorar nossa compreensão acerca dos efeitos da nutrição materna sobre o desenvolvimento fetal.

Algumas consequências inesperadas

Smith consultou registros obstétricos de Haia e Roterdã. Ele descobriu que o peso dos bebês nascidos no período de fome era consideravelmente menor que o dos que haviam nascido antes. O fato de isso já não ser uma surpresa para nós se deve, em boa parte, ao pioneirismo das pesquisas de Smith. Além disso, estudos posteriores estabeleceram uma forte ligação entre baixo peso ao nascer e saúde precária dos recém-nascidos, confirmando uma das suspeitas do médico.

Outros pesquisadores estavam interessados nos efeitos mais duradouros da fome. O primeiro efeito de longo prazo foi identificado, retrospectivamente, em jovens de dezoito anos recrutados para o serviço militar. Os que estavam no ventre materno durante a fome chegaram à idade de servir – algo obrigatório para os homens – no início dos anos 1960. Ao se alistar, os conscritos foram submetidos a exame físico meticuloso. Mais tarde, na década de 1970, os registros foram analisados por um grupo de cientistas.[4] Constatou-se que aqueles que haviam sido expostos à fome durante o segundo e o terceiro trimestre de gravidez da mãe apresentavam significativo aumento nos níveis de obesidade, mais ou menos o dobro do registrado entre os nascidos antes ou depois da fome.

Estudo posterior, incluindo tanto homens quanto mulheres, pesquisou os efeitos psiquiátricos do período de escassez. Também nesse caso o gosto dos holandeses por registros médicos detalhados tornou possível a investigação. Os pesquisadores que analisaram esses dados descobriram aumento significativo no risco de desenvolver esquizofrenia entre aqueles que tinham sido expostos à fome holandesa durante a gestação.[5] Havia também indícios de maior incidência de distúrbios afetivos, como a depressão. Entre os homens, registrou-se um aumento nos casos de transtorno da personalidade antissocial.

No início dos anos 1990, iniciou-se uma nova série de pesquisas tendo por base os registros hospitalares de indivíduos identificados ao nascer, com destaque para o hospital Wilhelmina Gasthuis, em Amsterdã. O primeiro estudo restringia-se às meninas e tinha como foco principal o peso das recém-nascidas. Mais uma vez, concluiu-se que as crianças expostas à fome durante o terceiro trimestre nasciam menores que o normal. Mas os pesquisadores descobriram também que, quando a exposição se dava no primeiro trimestre, os bebês eram maiores que a média, indicando algum tipo de reação compensatória, ocorrida talvez na placenta, ao estresse alimentar sofrido no início da gravidez.[6]

No segundo estudo da série, iniciado quando a geração da fome já completara cinquenta anos, foram incluídos homens e mulheres. Pela primeira vez os pesquisadores dirigiam a atenção para o sistema cardiovascular e outros mecanismos fisiológicos. Nessa idade, aqueles que haviam sido expostos à fome durante a gestação sofriam mais de obesidade que os não expostos. Demonstravam também maior incidência de pressão alta, doenças coronarianas e diabetes do tipo 2. Quando o grupo passou por nova investigação, aos 58 anos, a tendência se confirmou.[7]

Mas a natureza dos efeitos adversos da fome sobre o feto dependia muito do momento da exposição. Por exemplo, as doenças coronarianas e a obesidade estavam relacionadas à exposição no primeiro trimestre. As mulheres expostas durante o primeiro trimestre apresentavam também maior risco de desenvolver câncer de mama. Os expostos no segundo trimestre eram mais afetados por problemas pulmonares e renais. Alterações na tolerância à glicose eram mais evidente naqueles expostos no fim da gestação.[8]

No fim da década de 1990, a geração da fome holandesa já era estudada por vários grupos de pesquisa independentes, e as investigações prosseguem até hoje. Juntos, esses trabalhos oferecem algumas das provas mais cabais dos efeitos de longo prazo do desenvolvimento fetal sobre nossa saúde. Após documentar as consequências da fome, alguns dos cientistas envolvidos passaram a se interessar por seus mecanismos subjacentes; agora eles buscam entender como a desnutrição das gestantes pode provocar obesidade ou esquizofrenia nos filhos quando estes atingem a idade adulta.

Do ambiente ao gene

Para muitos, pode ser uma surpresa descobrir que o ambiente externo afeta os genes, modulando sua atividade. O efeito gênico do ambiente não é direto. As influências ambientais são mediadas por alterações nas células em que os genes residem. Diferentes tipos de célula reagem de forma diversa ao mesmo fator ambiental, seja ele estresse social ou carência alimentar no útero materno. Por sua própria natureza, e apesar do fato de os genes de todas as células do corpo serem os mesmos, os efeitos ambientais são sempre específicos para cada tipo de célula. As células do fígado reagirão de uma maneira às carências nutricionais, os neurônios reagirão de outra, e muitos tipos de célula nem apresentam reação. Assim, ao determinar qualquer influência ambiental sobre o funcionamento dos genes, os cientistas se fixam em populações celulares específicas, como os neurônios de determinada área do cérebro, as células do fígado, do pâncreas ou de algum outro órgão.

É fácil perceber que a fome holandesa afetou muitos tipos de células diferentes nos indivíduos expostos. Alguns foram afetados no cérebro, outros no coração, no fígado ou no pâncreas etc. Se comparássemos, digamos, as células hepáticas do grupo atingido pela fome com as de indivíduos não atingidos, provavelmente encontraríamos padrões diferentes de atividade gênica. Alguns genes nas células do fígado dos afetados se mostrariam mais ativos e outros menos ativos que nas dos não afetados. A meta inicial é identificar quais são exatamente os genes dessas células cuja atividade é alterada pela carência alimentar durante a gestação. Depois, vem a parte mais difícil, que é estabelecer um nexo causal entre as atividades gênicas alteradas nas células hepáticas e o diabetes, ou qualquer outra condição que queiramos explicar.

O controle da atividade dos genes numa célula é chamado de *regulação* gênica. Mais adiante tratarei desse processo com mais detalhes, dando ênfase à regulação gênica epigenética. Por ora, traçarei apenas um quadro geral.

Antes do advento da epigenética, os biólogos já tinham um conhecimento considerável sobre a regulação gênica de curta duração, isto é, aquela que atua por períodos que vão de minutos a semanas. Já faz bastante tempo que esse tipo de regulação é estudado nos cursos de introdução à biologia, por isso o chamarei aqui de regulação gênica comum. A regulação gênica epigenética não se enquadra nessa categoria. Por razões que veremos depois, ela ocorre ao longo de intervalos bem maiores, que podem durar toda a vida. Trata-se, portanto, de um processo de longo prazo. Esse é o tipo de regulação gênica mais relevante para os afetados pela fome holandesa.

Os genes epigeneticamente regulados podem ser identificados por marcações características que aparecem sob a forma de apêndices químicos específicos. O tipo mais comum desses apêndices envolve o grupo metila, constituído por um átomo de carbono ligado a três átomos de hidrogênio (CH_3). Quando um gene está ligado a grupos metila, diz-se que ele está *metilado*. Esse fenômeno não é uma questão de tudo ou nada, os genes podem apresentar diferentes graus de metilação. Em geral, quanto mais metilado, menos ativo é o gene. Com esses fatos em mente, os cientistas começaram a buscar alterações epigenéticas induzidas pela fome holandesa. As pesquisas estão apenas começando, mas já renderam frutos.

Em um estudo recente sobre a geração que sofreu a fome, foi identificada, em células sanguíneas, uma série de genes com alterações epigenéticas.[9] O grau de metilação desses genes era diferente entre os indivíduos expostos e os não expostos à fome. Especialmente notáveis foram as variações observadas nos genes responsáveis pelo hormônio *fator de crescimento semelhante à insulina 2* (IGF2),* assim chamado pela grande semelhança com a insulina e por promover o crescimento, por meio da divisão celular, em diversos tipos de célula (O "2" reflete o fato de ter sido esta a segunda das três moléculas de IGF a ser descoberta.) O IGF2 é basicamente um hormônio do crescimento, sendo de especial importância para o desenvolvimento fetal.

Ainda falta muito para que os cientistas consigam estabelecer uma conexão causal entre a alteração epigenética no *IGF2*,** o gene responsável pelo IGF2, e qualquer um dos diversos efeitos da fome holandesa sobre a saúde, como baixo peso ao nascer, diabetes e esquizofrenia. Para começar, será preciso determinar se mudanças epigenéticas similares no *IGF2* podem ser encontradas em outros tipos de célula. Em seguida, será necessário estabelecer um nexo causal entre as alterações no *IGF2* de tipos específicos de célula e essas condições. Ainda assim o resultado é bastante significativo, por demonstrar que os efeitos epigenéticos do ambiente fetal podem se estender por seis décadas.

A maioria dos apêndices epigenéticos é removida durante a produção dos óvulos e espermatozoides. Assim, o embrião começa a se desenvolver como uma folha epigenética em

---

* A sigla vem de *Insulin-Like Growth Factor*. Em geral, essas siglas são formadas pelas iniciais de palavras em inglês; não acreditamos ser necessário, contudo, reproduzir toda vez a expressão em inglês que deu surgimento à sigla. (N.T.)

** É comum nomear os genes pelas proteínas que ele codifica. Para evitar confusões, a convenção é grafar o nome dos genes em itálico (neste caso, *IGF2*), enquanto IGF2 se refere à proteína.

branco. Às vezes, porém, esses apêndices podem ser transmitidos à geração seguinte junto com os genes aos quais estão ligados. A esse respeito, cabe notar que os efeitos adversos da fome não se limitaram àqueles que a viveram. Os filhos dos que passaram pela fome no ventre materno são mais suscetíveis a apresentar problemas de saúde que os filhos de mães não expostas à fome.[10]

Essa é uma descoberta estarrecedora, uma forma não genética de hereditariedade capaz de influenciar nossa saúde. Como veremos adiante, cada vez mais os cientistas têm se dado conta de que existem vários tipos de herança não genética, e podemos dizer que muitos deles são epigenéticos. No entanto, ainda não está claro que o efeito da fome holandesa sobre as gerações seguintes represente um caso real de herança epigenética, isto é, de transmissão de genes metilados. Como veremos, há outras explicações possíveis. Para entender melhor se tal efeito é ou não um caso real de hereditariedade epigenética, precisamos dispor de alguns conhecimentos básicos. Começarei por aquilo a que se ligam as marcas epigenéticas: o que são exatamente essas coisas que chamamos de genes? Como eles funcionam?

2. Diretores, atores e contrarregras

AQUELE NÃO ERA um laboratório biológico típico, nem pelos padrões modernos nem pelos da época – 1910. A primeira coisa que um visitante notaria, bem antes de entrar, seria o cheiro. Até aí nada de novo, muitos laboratórios de biologia exalam todo tipo de odor estranho. Mas aquele não parecia nenhum dos aromas característicos de um laboratório. Era um cheiro inconfundível de coisa estragada, como o de uma lata de lixo metálica sob sol escaldante nos fundos de um supermercado.

Visualmente, a impressão também não era das melhores; o lugar era pequeno e sujo. No piso acumulava-se uma incrível camada de detritos, lar de uma florescente população de baratas. O laboratório se distinguia tanto pela presença de elementos estranhos quanto pela falta de itens esperados: não havia frascos, béqueres, tubos de ensaio ou pipetas. Os únicos vidros que podiam ser vistos eram garrafas de leite usadas, espalhadas por toda parte, sem nenhuma ordem. Também não havia nenhum microscópio, nem dos mais simples e menos potentes. A função deles era cumprida por uma variedade de lupas daquelas que os idosos usavam antes do advento dos óculos de leitura.

Não havia também nenhuma noção de formalidade ou hierarquia. Quem mais estranhava isso eram os visitantes vindos de universidades europeias, a maioria das quais seguia o modelo germânico de laboratório. Na Alemanha, a maneira menos formal de se dirigir ao chefe de um laboratório era *Herr Doktor Professor*. Além disso, a sala de um professor alemão ficava sempre fechada. Para falar com ele, só com hora marcada. Aqui a porta do gabinete, localizado nos fundos do laboratório, estava sempre aberta, e parecia que todos os que trabalhavam ali podiam entrar quando bem entendessem, sem a menor cerimônia. Além disso, o professor era chamado pelo primeiro nome, prática que ainda não havia se tornado comum nas universidades americanas e muito menos no resto do mundo.

Contudo, não havia em todo o mundo um lugar em que a jovem ciência da genética fosse cultivada num patamar comparável ao alcançado naquele humilde laboratório. Lá trabalhavam todos os dias vários cientistas que ditariam os rumos da genética, incluindo dois futuros ganhadores do Prêmio Nobel. Entre os pesquisadores destacava-se o ocupante da sala isolada, Thomas Hunt Morgan, cuja importância na história da genética só é menor que a do monge morávio Gregor Mendel.[1] O objetivo de Morgan era determinar a localização dos "fatores hereditários" referidos por Mendel – hoje conhecidos como *genes* – em cromossomos específicos. O mapeamento genético de Morgan era muito diferente do atual. A tecnologia da época não permitia a localização direta dos genes nos cromossomos. Em vez disso, era preciso recorrer a um método bem mais indireto. A única forma de identificar um gene era através de uma mutação que provocasse alguma mudança visível na aparência (fenótipo) dos objetos de estudo. Se essa mutação estivesse correlacionada a outra característica, seria possível concluir que ambos os traços se encontravam no mesmo cromossomo. Quanto maior a correlação, mais próximos deveriam estar os genes.

Morgan era um sulista bem-nascido cuja imersão na ciência havia ajudado a suportar o abalo cultural na transição para Nova York. Seu laboratório na Universidade Columbia ficava no último andar de Schermerhorn Hall, bem acima de todos os outros laboratórios biológicos, com odores mais convencionais. O laboratório de Morgan era chamado de "Sala das Moscas" pelos próprios frequentadores, e o motivo não eram as numerosas moscas-domésticas que competiam com as baratas pelos eflúvios do lugar, mas criaturas muito menores, que ocupavam todas aquelas garrafas de leite vazias: moscas-das-frutas. Mesmo não sendo malcheirosos, eram esses os insetos responsáveis pelo odor e pelo desmazelo do recinto. Porque as moscas-das-frutas, como diz o nome, se alimentam de frutas, e nelas também depositam seus ovos. Sua preferência é pelas mais maduras – podres, segundo os padrões humanos. Para agradá-las, havia um monte de frutas passadas, sobretudo bananas, espalhadas pelo laboratório. Contava-se, aliás, que as primeiras moscas haviam sido atraídas para o laboratório por uma banana que alguém esquecera no parapeito da janela.

Contudo, a utilidade das moscas-das-frutas não foi percebida de imediato por Morgan. Sua intenção original era usar camundongos nos experimentos. Só que os roedores apresentavam algumas limitações, dado o objetivo do cientista. Morgan precisava de cobaias com ciclos de vida curtos e capazes de produzir várias gerações por ano. Comparados a outros mamíferos, os camundongos se saem bastante bem nesse quesito, mas, como todos os mamíferos, são reprodutores relativamente lentos em comparação com insetos e outros invertebrados. Assim, hoje vemos que Morgan teve sorte quando teve recusado seu primeiro pedido de financiamento para um projeto com camundongos, forçando-o a se aventurar bem longe do terreno dos mamíferos. Quis o destino que ele se decidisse pelos insetos, fáceis de obter, fáceis de manter nas garrafas de leite e capazes de produzir incríveis cinquenta gerações em um só ano. Embora não fosse possível prever isso na época, as moscas-das-frutas continuariam a ser os animais preferidos para muitas pesquisas genéticas até os nossos dias.

No início, porém, o acerto da decisão não era nada óbvio. Mesmo depois de muitas gerações de insetos criadas no laboratório, transcorridos dois anos completos, nem uma só mutação fora identificada. Morgan estava a ponto de perder as esperanças, após desperdiçar tantos recursos e tempo valioso numa busca que parecia cada vez mais quixotesca. Não que os animais não estivessem sofrendo mutações; todas as criaturas vivas as sofrem, esse é um fato da vida. Mas a maior virtude das moscas-das-frutas – suas gerações frequentes – tinha um preço: o tamanho. Assim, as únicas mutações que os cientistas da Sala das Moscas conseguiriam identificar seriam aquelas que causassem alterações radicais na aparência das cobaias – podendo ser vistas através de uma lupa de mão – e, ainda assim, que não fossem letais. Essas mutações são raríssimas.

Até que, finalmente, no terceiro ano de tentativas, foi obtido o primeiro sucesso: uma mosca nasceu com os olhos brancos. As moscas normais têm olhos cor de vinho. Morgan se referia aos animais de olhos vermelhos como *tipo selvagem*. Os mutantes de olhos descoloridos eram na verdade cegos, mas ainda assim capazes de se reproduzir, desde que as condições fossem ideais para isso. Depois de muitos cruzamentos entre mutantes de olhos brancos e espécimes do tipo selvagem de olhos vermelhos, Morgan e seus colaboradores conseguiram associar a mutação a um cromossomo específico – que, por acaso, era um cromossomo sexual.

Neste momento, cabe fazer algumas distinções terminológicas importantes. Vamos começar pela noção de *cromossomo*. Os cromossomos ("corpos coloridos") são assim chamados pela cor marrom-arroxeada que exibem ao microscópio. Na época de Morgan, a maioria dos cientistas já estava convencida de que os genes residiam nos cromossomos. Embora não se conhecesse a constituição física desses corpos, acreditava-se que eles eram lineares. Segundo uma concepção comum, os genes seriam contas num cordão cromossomial. Por ora, essa imagem bastará. Cada gene, portanto, tem uma localização própria num cromossomo, um endereço chamado *locus* (*loci*, no plural). Às vezes, há apenas uma variante genética para determinado locus, mas em geral há duas ou mais. Essas variantes são chamadas *alelos*. Os alelos podem ser pensados como as diferentes cores das contas encontradas num locus. Alguns loci têm contas de uma única cor (isto é, um só tipo de alelo), mas a maioria tem dois ou mais tipos de alelos, e portanto duas ou mais cores.

Morgan descobriu uma mutação num gene que afetava o desenvolvimento dos olhos. A mutação fez com que se formasse naquele locus um novo alelo, uma conta de cor diferente. Foi esse novo alelo que o cientista classificou de "branco". Não existe nenhum locus para olhos claros, apenas um alelo correspondente aos olhos brancos num locus que influencia o desenvolvimento ocular. Nos homens, a cor dos olhos é afetada por alguns loci, um dos quais apresenta dois alelos variantes que são os principais responsáveis por determinar se nossos olhos serão castanhos ou azuis.

Na verdade, o termo *alelo* tem dois sentidos distintos na genética. Até aqui me referi aos alelos como tipos. Mas também podemos falar em alelos no sentido de "instâncias". Por instância entendo uma ocorrência particular de um determinado tipo. Nós herdamos dois alelos instâncias para cada locus, um da mãe e outro do pai. Se ambos os alelos são do mesmo tipo, somos *homozigotos* para aquele locus. Se eles são de tipos diferentes, somos *heterozigotos*. Vejamos o caso da coloração dos olhos humanos. Para facilitar a exposição, considerarei que há apenas um locus e dois tipos de alelo envolvidos na determinação da cor dos olhos.

Se formos homozigotos para o alelo "castanho", teremos olhos castanhos; se formos homozigotos para o alelo "azul", teremos olhos azuis. Caso sejamos heterozigotos, porém, as coisas serão mais complicadas. Os dois alelos poderiam ter o mesmo peso, de modo que teríamos olhos de coloração intermediária (algum tom de verde). Com frequência, porém, o efeito de um dos tipos de alelo sobre o traço é maior que o do outro. Às vezes, em condições heterozigóticas, o alelo "mais forte" mascara completamente o "mais fraco". Quando há diferenças pronunciadas entre os alelos mais fracos e mais fortes, o mais forte é chamado *dominante*, e o mais fraco, *recessivo*. No caso da cor dos olhos humanos, o alelo castanho tende a ser dominante, e o azul, recessivo. A convenção é indicar o alelo dominante por uma letra maiúscula e o recessivo por uma minúscula. O alelo castanho seria representado por "B" e o azul por "b". Essa é toda a genética clássica que você precisa saber para entender este livro.

O gene encarnado

Morgan, seguindo Mendel, definia os genes em termos de traços, como a cor dos olhos. Ele partia do princípio, e nisso também estava sendo mendeliano, de que a cada gene (locus) corresponderia um traço. E que as variantes dos genes (alelos) corresponderiam, em algum tipo de relação direta, aos traços variantes: olhos vermelhos ou brancos nas moscas, castanhos ou azuis nos seres humanos. Esse parecia um ponto de partida razoável. Mas logo ficou claro para todos, exceto para um punhado de mendelianos mais reacionários, que a maioria dos traços não se comportava como a cor dos olhos, assemelhando-se mais à estatura. A maior parte dos traços varia quantitativamente (em um contínuo), e não qualitativamente (de maneira discreta). Além disso, diferenças de altura devem resultar da contribuição de muitos genes, bem como de uma série de fatores ambientais.

Morgan não tinha nenhum interesse em saber o que eram os genes do ponto de vista físico, isto é, em sua natureza material. Para seus propósitos, bastava saber que os genes eram unidades da hereditariedade situadas nos cromossomos e que muitas vezes vinham em mais de um sabor. Caberia a outros pesquisadores descobrir o gene físico (bioquímico).

O primeiro passo dessa busca seria descobrir em que consistiam os cromossomos. Estes, como se viu, são formados por dois compostos bioquímicos distintos: o DNA e as proteínas. O próximo passo era saber qual desses dois elementos funcionava como material genético. Por meio de uma série de experimentos inovadores, a questão foi decidida em favor do DNA. Mas surgiu um novo problema. Embora o material genético não pudesse ser constituído por proteínas, estava claro que eram elas – e não o DNA – os principais agentes fisiológicos no interior das células. Algumas proteínas são enzimas catalisadoras de reações bioquímicas; outras servem para ligar e transportar elementos e compostos essenciais; outras, ainda, constituem os elementos estruturais de músculos, pele e cartilagens. De alguma forma, essas proteínas essenciais precisam ser fabricadas a partir do DNA. As proteínas, porém, se apresentam em numerosas variedades, enquanto todo o DNA parece igual. Como, então, todas essas proteínas se formaram a partir de um DNA que parece invariável? Para responder a essa pergunta, os cientistas tinham de submetê-lo a um exame mais atento.

Descobriu-se que a molécula de DNA normalmente tem duas fitas que se enrolam formando uma dupla-hélice. O "D" de DNA representa o açúcar desoxirribose (NA = ácido nucleico). Os grupos de açúcar desoxirribose, separados por moléculas de fosfato, formam a espinha dorsal da molécula de DNA. Ligado a cada açúcar há um composto chamado *base* (como em oposição a ácido). São quatro as variedades de bases – adenina, citosina, guanina e timina –, as quais costumam ser representadas pelas respectivas iniciais: A, C, G e T. A base de uma fita se liga a uma base na outra, conectando as duas fitas como os degraus de uma escada. Mas A só pode se ligar a T (e vice-versa) e C a G (e vice-versa). Existem, portanto, quatro tipos de degraus: A-T, T-A, C-G e G-C.

Francis Crick e James Watson são célebres por haver descrito o DNA dessa maneira e por sugerir que a sequência das bases poderia estar relacionada à composição das proteínas.[2] Pouco depois veio a descoberta do código genético. Esse código estabelece as associações entre as sequências de

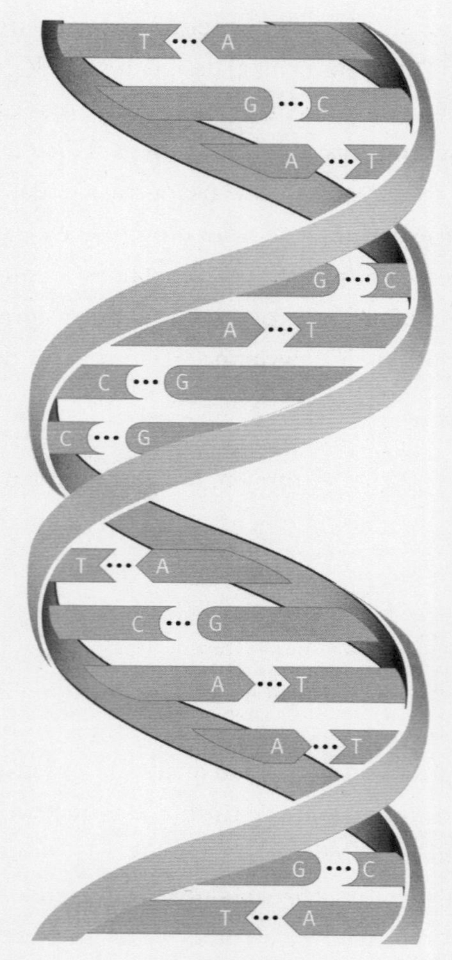

FIGURA 1. Diagrama da molécula de DNA mostrando a dupla-hélice e os pares de bases.

bases do DNA e os aminoácidos, que são os elementos básicos para a formação das proteínas. Essas associações não são tão precisas quanto os códigos concebidos pelo homem, como o Morse.

O código genético implicava que os genes deveriam consistir em sequências lineares de bases. Mas onde estariam os limites? Como saber onde um gene termina e o outro começa? No fim da década de 1950 essas questões pareciam respondidas. O "um gene (locus) = um traço" de Morgan se transformou em "um gene (locus) = uma proteína".[3] Essa formulação proporcionou uma maneira direta de delinear os genes num cromossomo. Tudo que os geneticistas precisavam fazer era encontrar o ponto do cromossomo onde a codificação começava e acabava. No entanto, como se viu, a maravilhosa simplicidade da equivalência "um gene = uma proteína" não passava de uma fórmula simplista. A relação entre genes e proteínas não é tão direta assim.

O verdadeiro papel dos genes

O processo pelo qual as proteínas são construídas a partir dos genes é chamado síntese proteica. A *síntese proteica* é um processo em duas fases. No primeiro estágio, o da transcrição, uma fita da dupla-hélice serve de modelo para a criação de uma molécula chamada RNA mensageiro (mRNA). O termo *transcrição* refere-se à transferência de informações de um meio a outro – do piano para o violão, por exemplo. Nesse caso, temos uma transcrição do DNA para o RNA.

No segundo estágio, a chamada tradução, o mRNA serve de modelo para a criação de uma proteína. O termo *tradução* traz a conotação de uma maior transformação dessa informação, como a ocorrida quando se traduz de uma língua para outra. Na síntese proteica, a tradução se dá da linguagem da sequência de bases do RNA para a sequência de aminoácidos da protoproteína. Geralmente as protoproteínas não são funcionais. É preciso ainda transformá-las em proteínas funcionais por um processo chamado modificação pós-traducional. Esta pode resultar em proteínas funcionais bem diferentes do que se poderia prever levando em conta apenas a sequência original do DNA.[4]

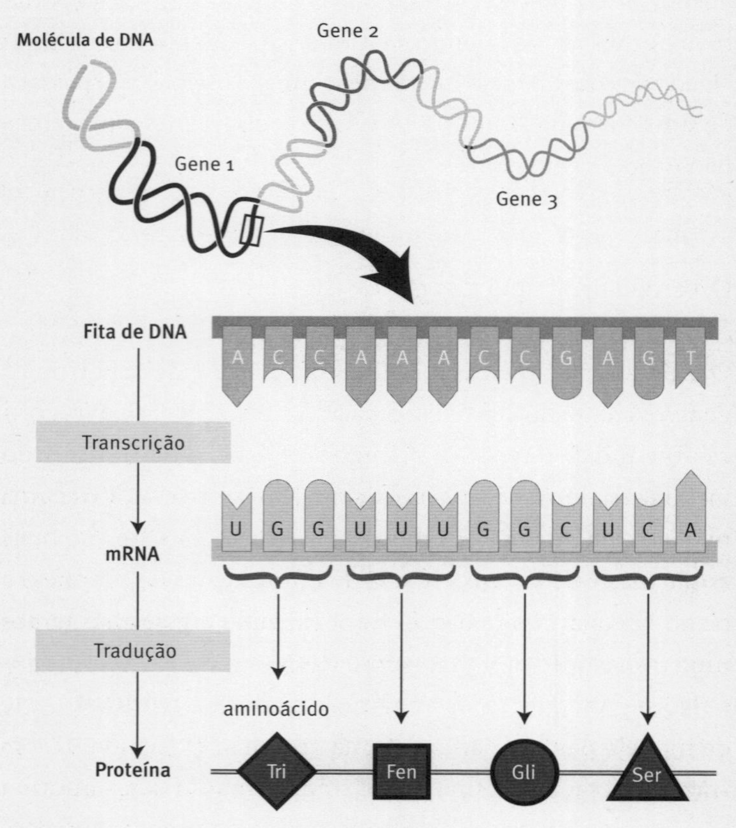

FIGURA 2. Os estágios da síntese proteica.
Obs: A tinina (T) do DNA é substituída pela uracila (U) no mRNA.

É tentador pensar no gene como o instrutor da síntese proteica, atribuindo-lhe função executiva. Uma metáfora talvez possa esclarecer a ideia do gene executivo. Pense na célula como uma produção teatral, uma peça. Assim, o gene funcionaria como o diretor do espetáculo, as proteínas seriam os atores e todos os outros compostos bioquímicos da célula seriam contrarregras. Os genes dirigiriam a construção das proteínas por meio das quais controlariam as atividades celulares, incluindo a síntese de todas as outras substâncias bioquímicas (como os lipídios e carboidratos), que por sua vez trabalhariam para atender aos propósitos dos genes.

O problema dessa ideia é exagerar no crédito concedido aos genes pelo que se passa na síntese proteica e na célula em geral. O papel do gene na síntese proteica é servir de modelo indireto para uma protoproteína. Essa função de modelagem é crucial, mas não faz do gene um executivo, assim como a matriz a partir da qual esta página foi impressa não atuou como executiva no processo de impressão.

Uma alternativa ao gene executivo é aquilo que chamarei de "célula executiva". Nessa perspectiva, os genes parecem mais membros de um elenco de compostos bioquímicos cujas interações constituem a célula. A função executiva reside no plano celular, não podendo ser localizada em nenhuma das partes da célula.[5] Os genes funcionam como recursos materiais para a célula. Desse ponto de vista, a orientação de cada um dos estágios da síntese proteica se dá no plano celular.[6] O mais fundamental, porém, é que "decidir" que genes atuarão na síntese proteica em dado momento é função da célula, e não dos próprios genes, ou seja, a regulação gênica é uma atividade celular. Isso é verdadeiro tanto para a regulação gênica comum quanto para a do tipo epigenético. Dessa perspectiva, a epigenética é uma forma de controle celular sobre a atividade dos genes.

Genes e traços

Os genes influenciam nossos traços por meio das proteínas construídas a partir deles. O locus da cor dos olhos nas moscas-das-frutas codifica uma proteína que transporta pigmentos vermelhos e marrons através das membranas das células. O alelo mutante dos olhos brancos de Morgan apresenta uma sequência de bases diferente da encontrada no alelo do tipo selvagem e, assim, codifica uma proteína deficiente. Dessa maneira, o inseto nasce com olhos sem pigmentação, brancos. Nos seres humanos, um defeito num gene de transporte semelhante leva muitas vezes à fibrose cística. Muitos dos trabalhos sobre a genética das doenças humanas seguem roteiro semelhante: um alelo mutante causa um defeito específico no desenvolvimento. Entre os mais relevantes estão obesidade, diabetes, câncer de mama, depressão, esquizofrenia e dependência química. Invariavelmente, um ou mais desses alelos mutantes foi descoberto. Por isso se fala em genes da obesidade, do câncer de mama, da esquizofrenia, da dependência etc. É importante observar, porém, que os alelos já descobertos são responsáveis apenas por uma pequena fração dessas doenças e estados.[7]

Antes do advento da epigenética, as pesquisas biológicas acerca dessas doenças e estados eram dominadas pela busca por alelos mutantes (sequências de bases alteradas). Ultimamente, porém, os pesquisadores reconhecem cada vez mais a importância da epigenética, de modo que o estudo dos alelos mutantes é hoje complementado pela busca de *epialelos*, isto é, alelos com marcas epigenéticas anormais.[8]

Os genes figuram ainda em outro tipo de explicação bem diferente, que diz respeito ao curso normal do desenvolvimento. No caso dos insetos de Morgan, a questão seria: o que faz com que, em geral, as moscas-das-frutas tenham os olhos vermelhos? Obviamente, para ter olhos vermelhos é preciso antes ter olhos. Para ter olhos é preciso ter sistema nervoso, e assim por diante. Para explicar essas características cada vez mais genéricas do desenvolvimento normal, os biólogos costumam ampliar um pouco a perspectiva passando do gene executivo ao "genoma executivo". Em suma, na visão tradicional, o desenvolvimento normal resulta da atuação coordenada de genes executivos que, coletivamente, constituem um programa genético.

Na abordagem da célula executiva, o desenvolvimento continua a ser uma função de ações coordenadas dos genes. Essa coordenação, porém, não é programada pela sequência do DNA, mas surge como resultado das interações das células com o ambiente e, principalmente, com outras células. Trataremos dessas duas visões adiante; por ora, basta observar que os processos epigenéticos estão no cerne das duas perspectivas.

O gene esquivo

Havia outrora um consenso quanto ao que constitui um gene, mas já não há.[9] Na década de 1960, vigorava um conceito único de gene, expresso pela regra "um gene = uma proteína". Isso é o que chamo de "gene canônico". Esse conceito logo foi ampliado, mas não em excesso, pela descoberta de que muitos genes codificam mais de uma proteína. Avanços mais recentes, porém, ampliaram o conceito de gene tornando-o irreconhecível. Hoje chamamos de genes até mesmo trechos de DNA que não correspondem a nenhuma proteína.[10]

Para os propósitos deste livro, cada gene é formado por dois componentes: uma sequência codificadora de proteínas e um painel de controle.[11] Este último é uma região reguladora à qual se ligam proteínas e outras substâncias, seja inibindo, seja promovendo a transcrição. A regulação gênica comum sempre acontece nesse local, e a do tipo epigenético também pode ocorrer aí. O painel de controle não costuma ser considerado uma parte do gene propriamente dito, pois não é transcrito. Mas os dois componentes constituem uma unidade funcional, de modo que ambos serão tratados aqui sob a mesma rubrica do gene.

Boa parte, talvez a maior parte, da regulação gênica epigenética ocorre por meio de ligações fora do gene propriamente dito, mesmo quando se considera sua definição ampliada, isto é, as ligações químicas acontecem fora do gene que está sendo regulado. Na verdade, as ligações epigenéticas podem afetar genes muito afastados do ponto a que estão conectadas. Portanto, é melhor pensar nos processos epigenéticos como modificações do DNA, e não apenas de genes tomados individualmente.

Podemos ver a epigenética como uma nova maneira de enxergar o DNA que vai além da sequência de bases. Esta última é apenas uma, ainda que seja a principal, das dimensões do gene físico, mas o DNA é uma molécula tridimensional. A epigenética é uma ciência que amplia o estudo dos genes da unidimensionalidade para a tridimensionalidade. Essas dimensões adicionais são de particular importância para o entendimento da regulação gênica, que é onde se dá a ação epigenética. Antes, porém, vamos tratar da regulação gênica comum.

3. Os esteroides e seus efeitos

Quando José Canseco foi detido na fronteira do México pela posse de um medicamento contra infertilidade feminina, o escândalo dos esteroides no beisebol assumiu uma feição curiosa, embora previsível. Foi Canseco quem, no livro *Juiced: Wild Times, Rampant' Roids, Smash Hits, and How Baseball Got Big*, após anos de boatos, expôs publicamente o uso generalizado de esteroides anabólicos na primeira divisão do beisebol. De início, porém, todos se voltaram contra o livro – desprezando-o como delírio de uma pessoa descontente e vingativa que desperdiçara seu talento. Há muito de verdade nessa avaliação da figura de Canseco. No terceiro ano da liga, tornou-se o primeiro jogador a marcar quarenta ou mais *home runs* e a conquistar quarenta ou mais bases em uma só temporada, mas dali em diante seu declínio foi vertiginoso. Ele estava cada vez mais preocupado em fazer jogadas extraordinárias, seu desempenho como rebatedor e suas habilidades defensivas ficaram em segundo plano. Poucos anos depois do feito histórico, já era mais conhecido por deixar a bola quicar na cabeça para fazer um *home run*. A torcida e os colegas de time também não morriam de amores por seu ar *blasé*. Seu primeiro técnico, Tony La Russa, na época do Oakland Athletics, passou a nutrir especial desprezo por ele. Em um ato de crueldade sem precedentes, La Russa mandou avisar Canseco, enquanto o jogador estava em campo, aguardando a vez de rebater, que ele fora vendido para o Texas Rangers. É sintomático que episódio tão humilhante tenha despertado pouquíssima compaixão.

Assim, é compreensível que o público não estivesse disposto a dar crédito às palavras de Canseco. Logo após a publicação de *Juiced*, porém, patenteou-se a veracidade geral do livro. O próprio Canseco confessou ser usuário de longa data, o que não causou nenhuma surpresa. Mas ele provocou indignação no mundo do beisebol ao citar outros nomes, muitos deles pertencentes à elite do esporte, incluindo seu colega de equipe Mark McGwire. Quando o escândalo dos esteroides deu origem a uma investigação no Congresso, as afirmações aparentemente levianas de Canseco já estavam em larga medida confirmadas, o que serviria de tema para seu segundo livro, *Vindicated: Big Names, Big Liars, and The Battle to Save Baseball*.

Os esteroides anabólicos são populares entre os jogadores de beisebol pelo mesmo motivo que, desde há muito, fazem sucesso no atletismo (especialmente entre os velocistas), no levantamento de peso, no fisiculturismo e numa série de outras atividades atléticas: com um programa de treinamento adequado, os esteroides promovem o desenvolvimento muscular. É esse o sentido do adjetivo "anabólico" que acompanha o substantivo "esteroide". Todos os esteroides anabólicos são formas sintéticas de androgênios, em especial o hormônio testosterona, isto é, eles foram desenvolvidos para mimetizar a testosterona com o propósito de desenvolver os músculos. Sua eficácia nisso é muito bem documentada. Mas a testosterona tem diversos outros efeitos além do desenvolvimento muscular. Nos homens, a testosterona produzida por meios naturais promove o desenvolvimento genital, o crescimento de pelos e a acne. A substância também afeta o cérebro, alterando o comportamento, com ação de destaque sobre a libido, mas também sobre o humor e a agressividade. Todos esses são considerados efeitos colaterais pelos usuários; na verdade, trata-se de reações indesejadas (pelos jogadores de beisebol), porém naturais ao hormônio. Muitos desses efeitos são associados à adolescência, período em que os níveis da substância passam por um aumento natural. Na verdade, em muitos sentidos, os usuários de esteroides vivem em eterna adolescência.

Quando os esteroides sintéticos promovem uma elevação artificial dos níveis de testosterona, alguns efeitos colaterais se mostram especialmente problemáticos. Por exemplo, uma série de atos de violência tem sido atribuída à chamada fúria dos esteroides. No entanto, muitas das consequências indesejáveis dos esteroides sintéticos são causadas por sua ação sobre a testosterona natural. Para compensar os níveis artificialmente elevados do hormônio, o organismo interrompe a produção natural dessa substância. A fim de evitar consequências catastróficas, a testosterona sintética só pode ser tomada durante poucas semanas de cada vez. Nos períodos de descanso, os níveis do hormônio caem abaixo do normal, provocando depressão e diminuição da libido. Para piorar ainda mais a situação dos usuários, um dos subprodutos do metabolismo da testosterona é o estrogênio estradiol. Entre as consequências dos níveis elevados de estradiol está o desenvolvimento de mamas de aparência feminina. Altos níveis de estradiol associados a baixas concentrações de testosterona natural são responsáveis por uma das consequências do abuso dos esteroides mais indesejada no mundo dos machões do esporte: o encolhimento dos testículos. E, o que é ainda mais grave, embora sua libido permaneça elevada, muitos usuários de longo prazo têm problemas para conseguir uma ereção, caso bastante irônico, em que "o espírito está pronto, mas a carne é fraca".

Isso nos leva de volta à detenção de Canseco na fronteira. Ele não era só um dedo-duro, mas também um usuário confesso e orgulhoso, além de defensor da testosterona sintética. O jogador manteve as aplicações regulares mesmo depois de encerrada sua carreira no beisebol porque gostava da aparência e da sensação proporcionada pela droga. Com uso tão prolongado, Canseco ficava especialmente vulnerável ao encolhimento da genitália e à impotência, não apenas no intervalo entre os ciclos, mas de maneira mais ou menos permanente. Na época em que foi preso, é provável que sua produção de esperma já fosse quase nula, daí o remédio para infertilidade.

O que Canseco carregava consigo era outro hormônio, a *gonadotrofina coriônica*, obtida pela purificação de litros e mais litros de urina de mulheres grávidas. As gonadotrofinas (GT) estimulam as gônadas a cumprir suas funções. Claro que as gônadas atuam de uma forma nos homens e de outra nas mulheres. Nestas últimas, as gonadotrofinas estimulam a maturação dos óvulos nos ovários e a produção de estrogênios. Nos homens, estimulam a produção de espermatozoides e androgênios pelos testículos. Canseco portava hormônios extraídos de mulheres grávidas porque a maior parte da gonadotrofina farmacêutica é obtida dessa fonte. Parece compreensível que ele não tivesse uma receita.

É fácil perceber que os androgênios são substâncias químicas poderosíssimas. Neste capítulo exploraremos as razões desse poder, com destaque para o papel desses hormônios na regulação gênica comum. A análise da regulação gênica de curta duração fornecerá subsídios úteis para o exame da regulação epigenética, nos capítulos seguintes.

Genes iguais, efeitos diferentes

Na maior parte do tempo, a maioria dos genes da maior parte de suas células permanece em silêncio, ficam ali, sem fazer nada. Esses genes silenciosos precisam ser ativados para participar da síntese das proteínas. A ativação ocorre quando certos tipos de compostos se ligam aos painéis de controle, iniciando o processo de transcrição apresentado no capítulo anterior. Esses compostos são chamados *fatores de transcrição.* Os esteroides sexuais (androgênios e estrogênios) são elementos importantes nessa categoria. Durante o ciclo de aplicações de esteroides, os genes para os quais a testosterona atua como fator de transcrição estavam muito mais ativos do que quando Canseco não aplicava seus hormônios. Se pudéssemos fazer com que a atividade gênica correspondesse a um nível luminoso, esses genes sensíveis aos androgênios brilhariam muito mais quando Canseco estivesse sob efeito dos esteroides.

Mas isso só acontece em determinadas células. Na maioria das células de Canseco, o brilho desses genes sensíveis aos androgênios continuaria fraco mesmo durante o ciclo de aplicações. Os esteroides, porém, circulam por toda a corrente sanguínea. Assim, ao menos em princípio, todas as células do organismo estariam expostas aos hormônios. E todas as células do corpo de Canseco têm os mesmos genes. Por que, então, apenas algumas poucas células brilham durante o período de uso dos esteroides?

Para se ligar aos genes, a testosterona e os outros esteroides sexuais precisam se ligar primeiro aos receptores apropriados. Mas cada tipo de célula apresenta um tipo diferente de receptor. Assim, a testosterona só funciona como fator de transcrição nas células dotadas de receptores de androgênios. Estes residem no citoplasma, material gelatinoso encontrado no interior da célula. É o complexo formado pela testosterona ligada aos receptores de androgênio que se desloca do citoplasma até o núcleo celular para ligar-se ao gene, ativando-o. De modo que, pela presença ou ausência de receptores de androgênios, seria possível determinar com boa dose de certeza que células brilhariam quando Canseco estivesse usando esteroides. Algumas das populações de células, ou tecidos, mais importantes como receptores de androgênios estão na pele, nos músculos esqueléticos (bíceps, tríceps, e assim por diante), nos testículos e na próstata. Esses receptores também podem ser encontrados em várias partes do cérebro, incluindo o hipotálamo (que controla a libido, entre outros impulsos) e o sistema límbico (que controla as emoções, incluindo a agressividade).[1] Portanto, são essas as populações celulares em que os genes sensíveis aos androgênios se iluminarão. Em outras partes do organismo, esses mesmos genes continuarão desligados. Essa é a forma mais elementar de controle da atividade de um gene pelo ambiente celular.

Os níveis artificialmente elevados de testosterona não causaram apenas uma interrupção passageira na produção do hormônio pelo organismo de Canseco; a longo prazo, houve uma redução do número de receptores de androgênios nas células sensíveis. Assim, eram necessárias doses cada vez maiores para obter o mesmo efeito muscular. E o encolhimento dos testículos se transformou, cada vez mais, em condição crônica, até tornar-se permanente.

Mesmo se considerarmos somente as células sensíveis ao androgênio, há uma grande variação nos efeitos da testosterona – por exemplo, sobre o músculo tríceps, os testículos ou ou o cérebro. No tríceps, a substância estimula o crescimento e a proliferação das fibras musculares; nos testículos, promove o desenvolvimento dos espermatozoides. Como explicar esses efeitos divergentes? Isso se deve, em parte, ao fato de que a testosterona interage com receptores diferentes e ativa genes distintos nas células dos músculos e dos testículos. No entanto, mesmo nos casos em que os genes ativados são os mesmos, os efeitos podem diferir muito, simplesmente porque as células onde se dá a ativação são diferentes. A variedade das respostas entre as células sensíveis aos androgênios atesta o controle celular sobre as ações e os efeitos gênicos.

Do celular ao social

A atividade de um gene, a intensidade de seu brilho, é chamada de *expressão gênica*. O controle da expressão gênica é a *regulação gênica*. Até aqui tratamos da regulação gênica apenas no plano celular, aquele no qual o gene é regulado mais diretamente. Mas o próprio ambiente celular é influenciado tanto pelas células circundantes, com as quais está em interação direta, quanto pelas células de partes mais distantes do organismo, com as quais se comunica pelo sangue. Assim, é frequente que a regulação gênica seja acionada de pontos remotos do corpo. Os genes sensíveis aos androgênios das células musculares são regulados por hormônios produzidos nos testículos.

Algumas das formas mais fascinantes de regulação gênica são acionadas por fatores externos ao organismo. As interações sociais são uma fonte especialmente importante de regulação gênica. Por exemplo, há animais, desde peixes a seres humanos, em que os níveis de testosterona são influenciados pelo resultado de interações competitivas, com todos os efeitos que isso pode provocar sobre a atividade gênica.[2] O mesmo vale para muitos outros tipos de interação social. Quando, em pleno jogo, Canseco foi informado de que seu passe fora vendido, é possível que seus níveis de testosterona tenham despencado. Embora de fora não se notasse nenhum sinal de aborrecimento enquanto a bola passava longe de sua luva, batia em sua cabeça e avançava por cima do alambrado para um *home run*, dentro do corpo de Canseco a história era outra. A atividade de uma série de genes – não apenas dos sensíveis aos androgênios – foi temporariamente alterada pela situação desagradável. Na medida em que podem amenizar os efeitos psicológicos traumáticos de eventos como esse, as intervenções psiquiátricas provocam alterações na regulação dos genes no cérebro. Na verdade, qualquer alteração nos níveis de androgênios resultantes de interações atléticas ou de interações sociais de outros tipos começa por mudanças na expressão gênica das células cerebrais de Canseco. Veremos agora como as interações sociais poderiam alterar os níveis de androgênio por meio de mudanças na expressão gênica nessas células do cérebro.

Lembre-se de que Canseco foi pego com gonadotrofinas. Embora o hormônio apreendido tivesse origem na urina de gestantes, a maior parte da GT das mulheres e toda a GT dos homens são produzidas por uma pequena glândula situada na base do cérebro, a hipófise. Mas os níveis de produção e liberação de gonadotrofina hipofisária são controlados por um pequeno grupo de neurônios no hipotálamo.[3] Esses neurônios produzem ainda outra substância, o hormônio liberador de gonadotrofina (GTRH).[4] O GTRH estimula a liberação de GT, que estimula a produção de testosterona, num sistema chamado de eixo hipotálamo-hipófise-gonadal, ao qual me referirei de agora em diante como "eixo reprodutivo". Se Canseco continuar em seu

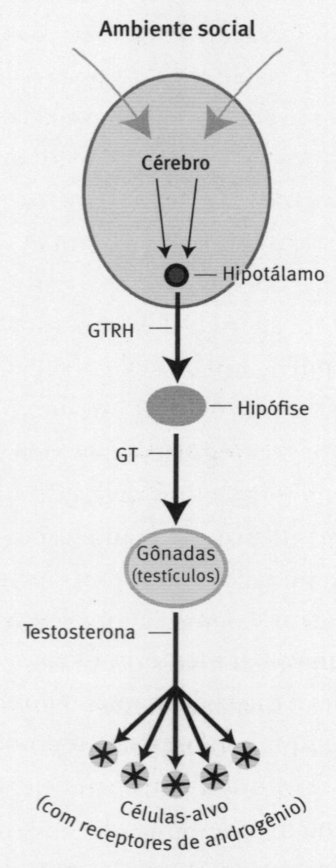

FIGURA 3. Diagrama esquemático do eixo hipotálamo-hipófise-gonadal (HPG).

caminho autodestrutivo, pode precisar retroceder um pouco mais no eixo reprodutivo, recorrendo ao próprio GTRH, embora este seja bem mais difícil de ser obtido.

A única maneira pela qual as interações sociais poderiam afetar os níveis de androgênios de Canseco é o cérebro, isto é, através de efeitos sobre certos genes em determinadas regiões do cérebro. Este, porém, como todos sabem, é um órgão de imensa complexidade. Portanto, sair procurando às cegas as células envolvidas seria tarefa ingrata. Felizmente temos um ponto de partida lógico para deslindar os mecanismos de controle social dos níveis de testosterona: os neurônios produtores de GTRH. Parece razoável supor que qualquer influência social sobre o cérebro capaz de afetar os níveis do hormônio seja mediada por essas células. Desse ponto, podemos retroceder até os neurônios que enviam estímulos, diretos ou indiretos, às células produtoras de GTRH. Essa fonte de estímulos é a localização mais provável das mudanças iniciais na expressão gênica provocadas pelo ambiente social.

Esses estudos exigiriam experimentos que ninguém pensaria em realizar com seres humanos. Por sorte, contamos com modelos animais. Surpreendentemente, entre os melhores modelos está um peixe, o ciclídeo africano *Astatotilapia burtoni*, do lago Tanganica. Os machos da espécie disputam territórios, pré-requisito para atrair as fêmeas. Contudo, apenas uma minoria deles é capaz de manter o domínio territorial; o resto é relegado a uma condição não reprodutiva. Os machos territoriais e não territoriais têm aparência muito distinta. Os primeiros apresentam marcas faciais grossas, negras, e são em geral mais coloridos que os outros. As diferenças internas são ainda mais pronunciadas. Os machos territoriais têm testículos muito maiores e níveis de testosterona mais elevados que os não territoriais. Os neurônios produtores de GTRH também são bem maiores nos peixes que dominam um território.[5]

O status social desses ciclídeos, porém, pode ser manipulado de maneira que os machos territoriais sejam transformados em não territoriais, e vice-versa, com todas as mudanças externas e internas que isso acarreta.[6] A alteração nas dimensões dos neurônios reflete em parte uma mudança na atividade do gene que codifica o GTRH.[7] Uma série de outros genes também é afetada.[8] Especialmente importantes são os genes dos receptores de androgênios e dos receptores de GTRH, que se tornam menos ativos.[9] O resultado é uma diminuição no volume de GT secretado pela hipófise dos machos sem território, ocasionando menor produção de androgênios pelos testículos, com todos os efeitos já mencionados sobre os genes sensíveis aos androgênios, incluindo aqueles localizados nos próprios testículos – o que explica que estes encolham, como os de Canseco.

O que a triste história de Canseco tem a nos ensinar?

As desventuras de José Canseco com os esteroides anabólicos têm uma moral, mas a relação desta com o encolhimento dos testículos é apenas indireta. O ensinamento diz respeito, de modo mais direto, à notável sensibilidade dos genes ao contexto celular. É o ambiente celular que determina como reagirão os genes para os quais a testosterona é um fator de transcrição. Essa sensibilidade não é exclusiva aos genes regulados pela testosterona, mas uma propriedade dos genes em geral.

O próprio ambiente celular é influenciado por outras células do organismo, tanto próximas quanto distantes. Além disso, o ambiente celular muitas vezes é influenciado por eventos externos ao corpo, incluindo as interações sociais. Assim, muitos genes, entre eles os responsáveis pela testosterona, são, em última instância, socialmente regulados. Pelo que se pode ver na saga de Canseco, a ação dos genes se dá num quadro de dependência; os genes não funcionam como executivos, dando ordens a seus subordinados bioquímicos. Nessa história, os genes são tanto diretores quanto dirigidos. Mas este é um caso de ação gênica de curto prazo. Talvez as coisas se mostrem diferentes se considerarmos a ação dos genes em períodos mais longos. Quem sabe então sua sensibilidade ao contexto, do celular ao social, diminua. Talvez a longo prazo a concepção tradicional dos genes faça mais sentido. São essas ações a longo prazo, em genes relacionados ao estresse, que iremos ver agora.

4. O gene bem-socializado

A INICIATIVA DE BUSCAR recursos financeiros para um memorial da Guerra do Vietnã foi em parte inspirada por um filme, *O francoatirador*.[1] O resultado, apesar da ferrenha oposição do conservadorismo social tacanho, foram as simples, porém impactantes, paredes negras e angulosas onde estão inscritos os nomes dos americanos mortos em combate. Mas o filme era menos sobre aqueles cujos nomes figuram no monumento aos veteranos do que sobre os que sobreviveram à guerra, mas sofreram danos físicos ou psicológicos. Neste capítulo trataremos da natureza das feridas psicológicas de guerra, tão bem-retratadas no filme. Algumas dessas lesões podem ser categorizadas como epigenéticas. Um dos motivos pelos quais a guerra e outras formas de trauma têm efeitos psicológicos tão duradouros é sua capacidade de desencadear alterações epigenéticas causadoras de mudanças de longo prazo na regulação gênica.

O francoatirador foi lançado em 1978. A ressonância do filme entre o público americano, que estava se reconciliando com a terrível desgraça da guerra no Sudeste Asiático, foi imediata. A história se passa no fim da década de 1960, quando o conflito estava no auge e o país era dilacerado por protestos e contraprotestos que refletiam uma cisão sociocultural e política. Os que protestavam em geral eram de classe média, estudavam ou haviam se formado na universidade. A maioria dos apoiadores da guerra era de operários de classe média baixa que, concluído o ensino secundário, trabalhavam em tempo integral. Os protagonistas do filme pertencem a este último grupo. São metalúrgicos em uma cidade pequena e desinteressante no sul de Pittsburgh.

Michael (Robert De Niro) é claramente um líder, um homem para quem a liderança é algo natural; ele encarna aquelas virtudes louvadas por muitos americanos e tidas como distintivas de nossa cultura: decidido, ativo, vigoroso – os traços que ajudaram a transformar John Wayne em astro do cinema e George W. Bush em presidente. Mas, ao contrário de John Wayne e George W. Bush, Michael tem um lado reflexivo. Steven (John Savage) funciona como uma espécie de irmão do meio; afetuoso e tranquilo, prestes a se casar com uma mulher grávida de outro homem. Nick (Christopher Walken) é o mais novo, de idade mais próxima à dos manifestantes contrários à guerra. Distingue-se também pela introspecção. Sua sensibilidade artística parece deslocada naquele grupo, naquela cidade. Logo no início do filme, durante a caçada, Nick diz a Michael que adora caçar porque "ama as árvores", ama a forma como cada árvore é diferente e única. A relação entre Michael e Nick lembra a de um irmão mais velho com o mais novo, mas sem nenhuma das complicações familiares. Michael não só entende, como admira a sensibilidade artística de Nick. Durante a caçada ele lhe diz: "Sem você, Nicky, eu caçaria sozinho."

Antes da cena de abertura, os três amigos haviam decidido se alistar no Exército – Michael tinha seus próprios motivos, Steven e Nick seguiram seu exemplo. O trio está prestes a ser enviado à frente de batalha, mas, antes disso, há a questão do casamento de Steven. Essa é uma cerimônia tradicional da Igreja ortodoxa rutena (grupo étnico eslavo oriental) que lembra o espectador de que apenas uma ou duas gerações separam aqueles homens da condição de imigrantes. Durante a ruidosa recepção, Nick pede a mão da namorada, Linda (Meryl Streep), em casamento. Ela aceita. Mais tarde, na mesma noite, Michael, que se sentia secretamente atraído por Linda, fica completamente bêbado e corre pelado pelas ruas da cidade. Nick acaba por dominá-lo e faz com que Michael prometa, bêbado como estava, que não o deixaria "lá" caso algo acontecesse. O pedido tem sobre Michael os efeitos de um banho de água fria.

No dia seguinte, de manhã cedo, Nick, Michael e três outros amigos – mas não Steven, que estava em lua de mel – saem para caçar cervos. Os outros três estão mais interessados em se embebedar do que em caçar; um deles chega a esquecer as botas, para grande irritação de Michael, que leva a caça muito a sério. Aliás, para ele a caça envolve um elemento sagrado, e o cervo, de certa forma, é uma figura totêmica que deve ser tratada com respeito. Isso explica sua obsessão por matar o animal com "uma só bala, um único tiro". E é o que ele faz.

O filme salta para uma cena de batalha numa pequena vila vietnamita, na qual Michael queima um combatente inimigo com um lança-chamas e em seguida faz vários disparos no cadáver incinerado com seu fuzil M16. Chegam reforços, incluindo Steven e Nick. Logo depois do reencontro, porém, os três amigos são capturados e mantidos prisioneiros de guerra numa instalação primitiva às margens do rio Mekong. Por diversão, os guardas forçam os presos a jogar roleta-russa, fazendo apostas sobre o resultado. Essa é a segunda cena mais crucial do filme, depois da caçada.

Steven é quem mais se mostra aterrorizado e traumatizado com o que está por vir, de modo que Michael se concentra em confortá-lo, abraçando-o e exortando-o a ser forte. Steven também é o escolhido para "jogar" primeiro. Enquanto isso, Nick se encolhe num terror silencioso, sem ter quem o console. Michael acaba convencendo Steven a puxar o gatilho. Felizmente, ele mira para o alto, pois havia uma bala na câmara. Pela transgressão, Steven é posto numa jaula de madeira submersa, a cujas traves do teto precisa se agarrar para manter a cabeça acima do nível da água. Durante uma pausa, Michael convence Nick de que sua melhor chance de escapar é jogar com três (entre seis) câmaras carregadas, em vez de uma. Se ambos sobreviverem, atacarão os captores. Mas assim a probabilidade de sobrevivência é muito menor. Após relutar, Nick acaba concordando com o plano. A arma é girada e para apontando na direção de Nick, de modo que cabe a ele iniciar o jogo. Depois de muito hesitar, enquanto seus captores o ameaçam aos berros, ele puxa o gatilho; a câmara está vazia. Agora é a vez de Michael. A tensão é quase insuportável para ambos. Michael se prepara e puxa o gatilho. Ouve-se um clique. No mesmo instante, ele aponta o revólver para seus captores surpresos e, usando o fuzil do primeiro vietcongue abatido, os dois conseguem matar os outros soldados.

Enquanto planejava a fuga, Michael havia proposto deixar para trás Steven, psicologicamente destruído, mas Nick protesta com veemência, e eles acabam por carregá-lo. Depois de escapar do cativeiro, os três descem o rio sobre um tronco até a chegada de um helicóptero que os resgata. Nick é o primeiro a embarcar, enquanto Michael e Steven ainda estão pendurados ao trem de pouso. Steven escorrega e cai de volta na água.

Michael então se solta para salvá-lo. Michael consegue trazê-lo até a margem e carrega o agora paralisado Steven pela floresta tropical até encontrar um comboio americano que se retirava da frente de batalha.

Em seguida, vemos Nick se recuperando num hospital militar de Saigon, exibindo sinais de danos psicológicos. Ele mal consegue falar com o médico e não sabe onde estão seus amigos. É possível que se sinta abandonado ou carregue a culpa típica dos sobreviventes. De todo modo, está isolado e solitário. Nick passa a noite vagando pela zona de prostituição da cidade. Ali, um francês expatriado o leva a um cassino onde jogam roleta-russa. Michael está presente, e de repente reconhece Nick, mas é levado para fora e o amigo não chega a ouvir seu chamado.

Na cena seguinte, Michael está regressando para casa. Acredita que Steven e Nick estão mortos ou desaparecidos. Fechado dentro de si mesmo, ele rejeita as atenções e o apoio dos amigos. Quando volta a caçar, segue a pista de um belíssimo exemplar de cervo, mas erra o tiro de propósito. De um platô rochoso, ele grita "OK?", como se estivesse falando com Deus, mas a única resposta ouvida são os ecos.

Michael não sabe que perto dali, num hospital para veteranos, Steven convalesce. O rapaz está parcialmente paralisado e perdeu as duas pernas. Quando descobre isso, Michael vai visitá-lo no hospital superlotado. O reencontro é azedado pelo fato de que Steven não quer voltar para casa, para a mulher, a família e os amigos. Steven revela também que está recebendo vultosas quantias de alguém em Saigon. Michael compreende que o dinheiro vem de Nick. Ele leva Steven de volta para casa contra a vontade dele e parte para Saigon, onde chega pouco antes da tomada da cidade, em 1975. Lá consegue localizar o expatriado francês, que a contragosto leva-o até Nick, sua mina de ouro, num buraco sujo e superlotado. Mas Nick não o reconhece nem se lembra direito de sua vida na Pensilvânia. Em desespero, Michael disputa uma partida de roleta-russa com Nick, durante a qual não para de falar no estado natal, sem nenhum resultado, até que suas palavras sobre antigas caçadas acabam fazendo efeito. Nick o reconhece, sorri e diz: "Um só tiro." Então, para horror de Michael – e nosso –, ele dispara na própria cabeça.

Uma das qualidades do filme está na variedade de maneiras com que Michael, Steven e Nick reagem às experiências traumáticas vividas no Vietnã. Eles representam uma espécie de microcosmo das reações observadas em todos os veteranos daquela guerra ou de qualquer outro conflito armado. Michael, como muitos – talvez a maioria – dos veteranos, sofreu sintomas depressivos temporários (e talvez pesadelos por toda a vida) do tipo esperável por parte de qualquer criatura senciente que houvesse passado pelo que ele passou. Sua reação é bem parecida com as reações típicas de quem chora a perda de um ente querido. Já Steven foi acometido de uma depressão mais severa e duradoura, revelada por seu desejo de isolamento social, mesmo em relação aos mais chegados. Nick exibia danos psicológicos mais graves, um verdadeiro caso de transtorno de estresse pós-traumático (Tept), ainda que o termo só fosse inventado alguns anos depois de lançado o filme.

Mas as feridas psicológicas dos três têm uma coisa em comum: uma reação problemática ao estresse que é, ao menos temporariamente, patológica. Há duas maneiras básicas pelas quais a reação ao estresse pode se desvirtuar. No primeiro caso, o mecanismo de resposta pode ser sensível demais, disparando à toa, e tornando-se, portanto, cronicamente hiperativo. Os resultados são diversas formas de transtorno de ansiedade e depressão, o problema vivido, em graus diferentes, por Michael e Steven. No segundo caso, a reação a uma fonte de estresse pode ser forte demais, provocando um curto-circuito. Essa situação é mais característica de Tept, como no exemplo de Nick.

A reação ao estresse

Obviamente, os três amigos não viveram experiências idênticas no Vietnã – Steven foi o único a passar pela prisão submersa, por exemplo. Mas, para os propósitos desta análise, iremos ignorar as diferenças. Dada essa idealização, como explicar as maneiras distintas de reagir ao trauma? Alguns enfatizariam as distinções genéticas; outros destacariam as diferenças na educação recebida pelos três personagens. Quase todos, não importam suas tendências, fariam uma concessão ecumênica e reconheceriam que a questão não é só genética nem só ambiental, mas uma combinação dos dois fatores, numa tentativa de superar a cisão entre natureza e cultura. Aqui exploraremos uma possibilidade mais fascinante: a de que o ambiente em que cada um cresceu possa ter feito com que seus genes reajam de maneira diferente ao mesmo estresse.

Quando falamos nas reações ao estresse, é em suas patologias que costumamos pensar. Mas a reação ao estresse é vital também para nosso funcionamento normal, porque um processo fundamentalmente adaptativo que se desenvolve para ajudar na manutenção do equilíbrio fisiológico diante dos desafios de nosso ambiente dinâmico. Um indicador da importância da reação ao estresse é o fato de que ela envolve quase todos os sistemas fisiológicos, do reprodutor ao imunológico.

A forma mais rápida de reação ao estresse é aquela muitas vezes chamada de *luta ou fuga*, na qual os batimentos cardíacos se aceleram, os vasos sanguíneos se dilatam e o fígado quebra as reservas energéticas de glicogênio em glicose, a fonte primária de energia para nossas células. Tais eventos preparam o corpo para uma ação rápida e decisiva. O mesmo vale para outras reações envolvendo a pele (transpiração), o sistema imunológico (cura de ferimentos) e o cérebro (agitação e vigilância). A luta ou fuga é a forma inicial de reação ao estresse em resposta a fatores excitantes agudos, como motoristas alcoolizados, encontros com ursos, ferimentos em combate e, claro, roleta-russa. Quando a fonte de estresse é mais crônica – bullying, desemprego, guerra de trincheiras, e assim por diante –, a reação envolve muitos elementos de luta ou fuga, mas também mudanças mais duradouras nos sistemas ativados.

A reação ao estresse é iniciada no cérebro e envolve dois sistemas distintos, embora interconectados. Aqui nos concentraremos no chamado eixo do estresse (ou eixo HPA), cuja estrutura básica se assemelha à do eixo reprodutivo, exposto no capítulo anterior: uma população de neurônios no hipotálamo produz um hormônio, o hormônio liberador de corticotrofina (CRH), que estimula as células da hipófise a liberar corticotrofinas (CT), que estimulam a glândula suprarrenal a secretar hormônios glicocorticoides do estresse, incluindo o cortisol. Tal como os hormônios sexuais testosterona e estradiol, o cortisol é um esteroide e influencia a expressão gênica ao combinar-se com seu receptor

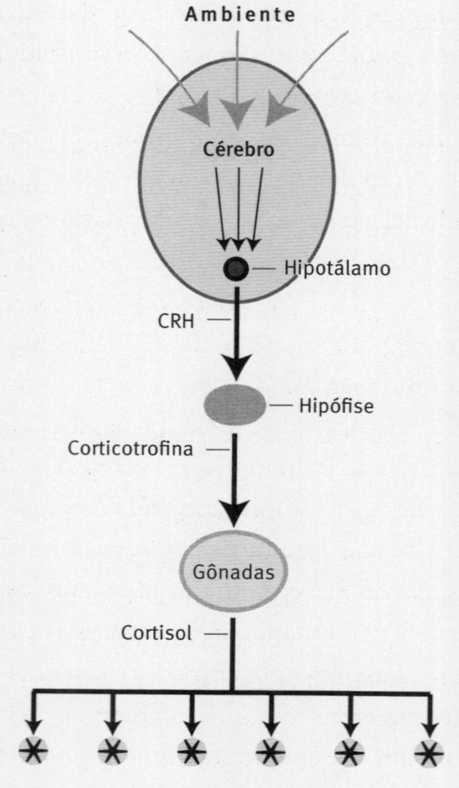

FIGURA 4. Diagrama esquemático do eixo hipotálamo-hipófise-suprarrenal (HPA).

nuclear.[2] Há vários glicocorticoides diferentes. Mas vamos fazer de conta que só existe o cortisol e que só há um receptor para ele. Os receptores de glicocorticoides são muito mais abundantes e amplamente distribuídos que os de androgênios, além de ativarem uma variedade bem maior de genes. Por essa razão, os glicocorticoides sintéticos, como a cortisona, têm ainda mais efeitos colaterais que a testosterona.

As patologias relacionadas ao estresse ocorrem quando o eixo do estresse é sobrecarregado, seja por um trauma agudo de proporções devastadoras, como uma partida de roleta-russa, seja por uma experiência estressante crônica, como a vivida por um soldado sob ameaça constante. Tanto nas sobrecargas agudas quanto nas crônicas, um dos indicadores mais confiáveis do estresse é a elevação dos níveis de CRH no cérebro.[3] (Com frequência, os níveis de cortisol também se mostram elevados, mas a relação entre uma reação patológica ao estresse e esses níveis é mais complicada.)

Há, claro, muitas variações individuais na maneira como reagimos ao estresse, como se pode ver nos personagens de Michael, Steven e Nick. Essas variações individuais levaram a uma busca de genes que pudessem explicá-las, como genes para a depressão e a ansiedade, por exemplo. Há também outra abordagem bastante diferente, na qual a ênfase recai em eventos ocorridos no início da vida, a começar pela fase intrauterina.

O que acontece no útero não fica só ali

Por dezenas de anos, os fetos que corriam risco de nascimento prematuro eram tratados com uma forma sintética de cortisol para promover o desenvolvimento pulmonar, pois a insuficiência respiratória é um dos maiores perigos a que estão sujeitos.[4] Recentemente, os médicos e cientistas passaram a se preocupar com os efeitos de longo prazo desse tratamento sobre o eixo do estresse. A preocupação se justifica. Fetos que foram tratados com essa substância apresentam, durante toda a vida, uma hipersensibilidade do eixo do estresse que resulta em maior incidência de doenças cardíacas e diabetes, entre outros males, e em menor expectativa de vida.[5] O tratamento predispõe também a problemas cerebrais/comportamentais relacionados ao estresse, como distúrbios de ansiedade, depressão, uso de drogas e esquizofrenia.[6]

O tratamento com glicocorticoides sintéticos imita os efeitos do estresse materno. Quando fica estafada, a futura mãe produz mais cortisol que o produzido em situação normal. Parte desse hormônio atravessa a placenta, atingindo o feto. Os níveis elevados de cortisol a que o feto está submetido alteram de maneira permanente os ajustes de seu eixo do estresse, tornando-o mais sensível e reativo a posteriores eventos estressantes. Essas alterações permanentes muitas vezes são chamadas de programação HPA ou por glicocorticoides.[7] Aqui, me referirei a elas simplesmente como "predisposição ao estresse".

O estresse materno pode ter diversas origens. Um casamento que vai mal, isolamento social e pobreza são alguns exemplos. Níveis extremos de estresse, como aqueles que se acredita provocarem o Tept, também podem ser resultado de diversas causas. A guerra é muito eficaz na produção desse transtorno, fato muito bem retratado em *O francoatirador*. Claro que a Guerra do Vietnã não foi a primeira a provocar o distúrbio. Na verdade, atribui-se a Heródoto, em 500 a.C., a primeira descrição desse mal num veterano das Guerras Greco-Pérsicas, que testemunhara a morte de um grande amigo na batalha de Maratona.[8] Em época mais recente, na Primeira Guerra Mundial, muitos soldados eram acometidos de "obusite"; já na Segunda Guerra Mundial, eram frequentes os casos de "fadiga de combate", expressões menos eufemísticas que o termo clínico Tept.

A guerra não é pré-requisito para o Tept; qualquer trauma grave terá o mesmo efeito. Desastres naturais, como terremotos, o tsunami de 2004 no oceano Índico e o furacão Catrina são eficazes desencadeadores do transtorno. Desastres que estão longe de ser naturais, como a destruição do World Trade Center em 2001, também provocam Tept.[9] Entre as vítimas do Holocausto, devemos contar não apenas os milhões que foram mortos ou não resistiram à fome, mas também tantos e quantos sobreviventes que ficaram prejudicados para toda a vida de uma maneira que hoje reconhecemos como Tept. Aliás, essa forma de sofrimento causada pelo Holocausto continua a se ramificar para além das vítimas diretas, de um modo que pode ser relevante para o caso de Nick.

Filhos de mulheres que sofreram Tept provocado pelo Holocausto estão mais propensos a desenvolver o mesmo distúrbio, mesmo sem ter vivido diretamente o episódio.[10] É curioso, porém, que embora todos os filhos de sobreviventes sejam mais suscetíveis à depressão, o Tept só tem sua incidência ampliada na segunda geração entre aqueles cujas mães também sofreram o transtorno; a mesma correlação não se observa entre os indivíduos cujos pais tiveram Tept em decorrência do Holocausto. Esse fato indica que o desenvolvimento fetal tem papel de destaque. A importância do desenvolvimento fetal se evidencia de modo particular nas mães que vivenciaram diretamente a destruição das torres do World Trade Center. Como era de esperar, várias delas demonstravam sinais de Tept. As que estavam grávidas na data do ataque deram à luz bebês com uma reação ao estresse exacerbada e hipersensibilidade do eixo do estresse.[11] Essas crianças serão mais suscetíveis a ansiedade, depressão e até mesmo a Tept que as nascidas de mães não sujeitas a Tept. Seria lícito, portanto, imaginar que ser afetado por tais experiências traumáticas durante a gestação contribuísse para a suscetibilidade de veteranos como Nick ao Tept.

Contudo, o Tept é um caso extremo de reação anormal ao estresse, e talvez o menos compreendido. Muito mais difundidas são as patologias relacionadas ao estresse semelhantes às demonstradas por Michael e em especial por Steven. É para essas manifestações menos extremas, como ansiedade, pânico e depressão, que nos voltaremos agora. Porém, a fim de encontrar as bases dos mecanismos subjacentes a essas patologias, são necessários experimentos em modelos animais não humanos. Para os efeitos intrauterinos do estresse, o porquinho-da-índia é o modelo ideal, pois, assim como os seres humanos, esses roedores têm gestações longas e os filhotes nascem num estado de desenvolvimento mais avançado que os filhos de ratos e camundongos.

Como nos seres humanos, quando as fêmeas do porquinho-da-índia são tratadas com glicocorticoides sintéticos, a reação ao estresse da prole pode sofrer alterações permanentes.[12] Além disso, quando as porquinhas são submetidas a estresse durante a fase de crescimento rápido do cérebro dos fetos, os filhotes machos também exibem reação exacerbada ao estresse. Essas mudanças são acompanhadas por notáveis alterações do cérebro e da hipófise.[13] No cérebro, os níveis de receptores de cortisol são reduzidos, em especial no hipocampo, o que indiretamente modula os neurônios secretores de CRH (ver Figura 4, p.60). Trataremos agora dos efeitos do estresse materno sobre os receptores de cortisol.

Maternidade: para além do útero

Boa parte das pesquisas sobre a "programação" da reação ao estresse foi realizada com ratos e camundongos. Esses roedores nascem num estágio de desenvolvimento mais incipiente que os porquinhos-da-índia e os homens, quando o eixo do estresse ainda não está "calibrado". Isso os torna mais sensíveis a certos tipos de manipulação, cujos resultados são fáceis de monitorar.

Já há muito tempo observou-se que, quando retirados do ninho materno por longos períodos, os filhotes de rato se tornam estressados para toda a vida. Se, por outro lado, forem removidos por períodos curtos e manipulados com cuidado por seres humanos, sua reação ao estresse se mostra reduzida em relação à dos irmãos não manipulados. Isso se deve, em parte, à reação da mãe após a separação. Ocorre que, depois de um afastamento breve, a rata lambe com vontade o filhote devolvido; depois de uma ausência mais prolongada, o filhote é recebido como se fosse um estranho e não recebe lambidas. A estimulação tátil promovida pelos cuidados maternos tem um efeito suavizador sobre a reação ao estresse que irá durar para toda a vida. Depois descobriu-se que há uma variação natural na quantidade de lambidas que as fêmeas dedicam às crias: algumas mães são melhores lambedoras que outras. Filhotes criados por mães mais dedicadas a lambê-los demonstram um abrandamento da reação ao estresse quando comparados aos criados por mães mais econômicas nas lambidas.[14] Além disso, se um bebê é retirado de uma má lambedora e misturado à ninhada de uma boa lambedora, sua reação ao estresse se assemelhará mais à de sua mãe adotiva que à da mãe biológica.[15] Isso serviu de base para os experimentos posteriores. Boa parte desse trabalho foi realizado por Michael Meaney e seus colaboradores da McGill University.

Meaney descobriu que, quando adultos, os animais cujas mães eram boas lambedoras tinham maior quantidade de receptores de glicocorticoides (GR) em determinadas partes do cérebro – especialmente no hipocampo – que os filhos de lambedoras ineficientes.[16] Isso resulta num maior feedback negativo na sensibilidade ao cortisol, reduzindo assim os níveis de CRH. Os níveis mais baixos de CRH provocam abrandamento da reação do eixo do estresse aos fatores estafantes em comparação com as crias de más lambedoras. Ocorridas na idade adulta, essas diferenças devem ser provocadas por mudanças duradouras na regulação gênica, bem além das alterações de curto prazo produzidas pelo cortisol na regulação dos genes afetados por este hormônio.

Quando as crias de boas e más lambedoras são trocadas, os efeitos se invertem: os filhotes biológicos de má lambedoras criados por boas lambedoras se assemelham, em todos os aspectos, aos ratos gerados por mães dedicadas, inclusive no número de receptores para glicocorticoides no hipocampo.[17] O inverso também é verdadeiro. O experimento da troca de filhotes fornece evidências convincentes de uma relação direta entre os cuidados maternos e a reação ao estresse, expressa pelos níveis de GRs na idade adulta.

Qual a causa das mudanças de longo prazo nos níveis de GRs? Uma possibilidade óbvia é a alteração duradoura no próprio gene do receptor de cortisol. Para entender como isso pode se dar, precisamos retroceder até os fatores que influenciam a expressão do *GR*. No painel de controle do *GR* há um setor ao qual se liga o fator de transcrição NGF-A (fator de crescimento de nervo induzível pelo fator A; por conveniência, reduziremos esse desajeitado acrônimo para um termo ainda mais desajeitado, NGF).

Quando se combina ao *GR*, o NGF exerce um efeito ativador, aumentando a transcrição do gene. Os níveis de NGF são mais altos nos filhotes criados por boas lambedoras que nos criados por más lambedoras.[18] Tais diferenças, porém, não são observadas na expressão do NGF em ratos adultos. Portanto, a diferença inicial, de caráter passageiro, deve promover alterações permanentes na sensibilidade do gene receptor do cortisol no cérebro. Isso acontece por meio de uma alteração epigenética do gene *GR*.

Regulação gênica epigenética

Existe uma série de mecanismos epigenéticos de regulação gênica. Um dos mais comuns e bem-estudados é a chamada metilação, que ocorre quando um grupo metila (três átomos de hidrogênio ligados a um de carbono, ou CH_3) se liga ao DNA.[19] A metilação tem o efeito de inibir a expressão do gene afetado. Ao contrário da testosterona, do cortisol e de outros fatores de transcrição já tratados aqui, a metilação não é passageira; o grupo metila tende a permanecer ligado ao DNA mesmo depois que este é copiado durante a divisão celular. Além de persistir durante toda a vida da célula, o DNA metilado é transmitido a todas as células descendentes daquela em que se deu a alteração epigenética original. Assim, os genes epigeneticamente desativados por metilação tendem a continuar inativos naquela linhagem celular.

Em certos períodos críticos, no início do desenvolvimento, porém, as coisas ainda estão fluidas no que se refere à metilação. Algumas vias bioquímicas a promovem, outras a impedem ou até provocam desmetilação. No caso do gene *GR* dos roedores, a qualidade dos cuidados maternos, evidenciada pelas lambidas, produz um desvio em direção a uma ou outra dessas vias. Mães dedicadas promovem a desmetilação, enquanto as descuidadas levam à metilação. Quando o *GR* é metilado, o fator de transcrição NGF não se fixa bem, de modo que o hipocampo produz menos proteínas GR e o eixo do estresse se torna hiperativo, predispondo o animal ao medo e à ansiedade.

Dada a natureza da regulação epigenética, quanto mais inicial for o estágio de desenvolvimento em que ocorrer a metilação, mais pronunciados e generalizados serão seus efeitos. Mas a metilação e os outros processos epigenéticos continuam até bem depois do nascimento – por toda a vida, na verdade. Atribuem-se a alterações epigenéticas, algumas delas ocorridas muito tempo depois do nascimento, muitas das diferenças entre as reações ao estresse de gêmeos idênticos. Os gêmeos, principalmente aqueles que crescem separados, inúmeras vezes apresentam diferenças marcantes em suas reações ao estresse que podem se manifestar como ansiedade, depressão ou Tept.[20] Mesmo quando criados juntos, à medida que vão ficando mais velhos, os irmãos vivem experiências cada vez mais diversas. Como essas divergências causam diferenças epigenéticas, é de esperar que os gêmeos apresentem variações psicológicas e comportamentais. Digamos, por exemplo, que Steven tivesse um irmão gêmeo, Stan, que ficasse nos Estados Unidos, trabalhando na siderúrgica. Ao voltar da guerra, é provável que as reações ao estresse de Steven fossem mais intensas que as de Stan. Mesmo dez anos mais tarde, o primeiro ainda teria maior chance de apresentar uma exacerbação dessas reações.

O francoatirador e a epigenética

A saga de Michael, Steven e Nick, dramaticamente retratada em *O francoatirador*, é um microcosmo das maneiras como reagimos ao estresse extremo e das patologias da reação ao estresse muitas vezes dele resultantes. Todos esses problemas relacionados ao estresse são causados por alterações na regulação gênica que duram muito, às vezes a vida toda. Essas mudanças de longo prazo na regulação gênica são epigenéticas. Examinamos aqui um tipo de processo epigenético, a metilação, e um gene em particular, que, nos ratos, quando metilado, pode resultar numa exacerbação permanente da reação ao estresse. Os cientistas chamam esses resultados de estudos realizados com ratos de *provas de conceito*. Isso não significa que possamos extrapolar as conclusões obtidas com modelos animais para as patologias de Michael, Steven e Nick, ou para qualquer ser humano real. Seria muito precipitado. Por exemplo, é possível que haja uma série de outros genes cuja desregulação desempenhe papel importante na hiperatividade da reação ao estresse. A metilação, como veremos, é apenas um dos processos epigenéticos. Mas os estudos com ratos indicam que a pesquisa acerca da regulação epigenética dará bons frutos em nossa tentativa de compreender e, por fim, tratar as patologias relacionadas ao estresse.

5. Kentucky Fried Chicken em Bangkok

Em uma visita à Tailândia, em 2001, passei o primeiro dia, ainda atordoado pela mudança de fuso horário, no complexo do Museu Nacional, em Bangkok. Apesar de ser apreciador de museus, era natural que eu tivesse dificuldade em prestar atenção nos itens exibidos e mais ainda nas legendas. Após cerca de meia hora de semiconsciência e estômago embrulhado, descobri que observar as pessoas era um alívio e uma distração. O que mais me interessava era a multidão de crianças que visitava o local em excursões escolares. A maioria vestia uniformes sem graça – camisas cáqui e calças curtas, meias compridas marrom-escuro e sapatos também marrons, em tom mais claro. A cor dos trajes parecia um tanto inadequada numa cidade tropical, embora as bermudas fossem bem práticas.

O mais notável, porém, era o comportamento dos estudantes. Ninguém berrava, ninguém falava alto nem corria desembestado pelas galerias. As crianças prestavam a maior atenção aos professores e era fácil dispô-las em ordem na hora de andar em grupo. Mesmo depois de sair do museu para as ruas caóticas e apinhadas de gente, elas se mantinham em fila indiana, sem perder a compostura.

Naquele tempo, meu filho tinha dez anos e era impossível não reparar na diferença em relação a seus passeios escolares, sempre com inúmeros acompanhantes que, falo por experiência própria, no fim do dia estavam invariavelmente exaustos pela tentativa apenas em parte bem-sucedida de manter a ordem.

Minhas viagens posteriores à Tailândia começavam e terminavam com alguns dias na capital, onde visitava diversos templos e palácios, aproveitando para continuar meu estudo informal sobre as crianças tailandesas. Meu foco, porém, aos poucos foi se desviando de seu comportamento para seus atributos físicos. O que saltava aos olhos era a estatura dos estudantes, mais próxima dos padrões americanos do que seu comportamento. Como se observa em boa parte da Ásia, desde a Segunda Guerra Mundial, cada geração é mais alta que a anterior. Aos doze ou treze anos, muitos tailandeses já são maiores que os avós, e logo serão mais altos que os pais. Há razões óbvias para isso, e a principal delas é a melhora nutricional, sobretudo no que se refere às proteínas.

Quanto ao peso, no entanto, os jovens tailandeses ainda estavam bem atrás de seus congêneres americanos. Em minha primeira visita, um menino se destacava. Vou chamá-lo de Paradorn. Ele era a única criança no museu que estava claramente acima do peso. Nas visitas seguintes, eu encontrava cada vez mais meninos obesos (mas nenhuma menina). Em 2005, já parecia haver pelo menos um em cada grupo de cerca de cinco crianças. Essa é mais ou menos a mesma proporção que lembro haver em minha época de escola, na década de 1960: aproximadamente uma criança acima do peso em cada uma de minhas fotos de turma. Isso era muito menos que a incidência de obesidade nas turmas de meu filho (tanto para meninos quanto para meninas).

Quanto ao peso, os garotos tailandeses pareciam mais os americanos dos anos 1960 que os da geração de meu filho. Só recentemente começaram a aparecer os primeiros pré-adolescentes acima do peso na Tailândia, e a obesidade parece se restringir às áreas mais urbanizadas; ainda é preciso procurar muito para encontrar uma criança gorda na região de Issan, por exemplo.

Há uma explicação simples para a diferença de peso entre as zonas rurais e urbanas da Tailândia. Os tailandeses da cidade são mais afluentes que os do campo; essa discrepância é a principal causa das recentes agitações políticas no país. O enriquecimento é acompanhado por maior ingestão de calorias e, muitas vezes, por menos atividades físicas – a fórmula-padrão do aumento de peso. Contudo, a fonte das calorias a mais também importa, e esse é outro aspecto em que os tailandeses urbanos se distinguem dos rurais.

A alimentação de meu amigo Aniwat, embora ele viva em Bangkok, é típica da cidadezinha rural onde cresceu, perto do Parque Nacional de Kaeng Krachan, na província de Petchburi: basicamente, uma ampla variedade de frutas, legumes e verduras, parte comprada na feira, parte colhida por ele mesmo. A cada passeio pela floresta, Wat coletava ipomeias e outras plantas, além de incontáveis espécies de berinjela, nenhuma das quais parecida com os frutos grandes, compridos e roxos que certa vez cultivei.

Meu amigo come muito menos proteína de origem animal que um americano típico e praticamente nenhuma carne bovina. O frango e o peixe são as principais fontes de proteína animal consumidas pelos tailandeses do interior, mas há também uma diversidade de criaturas que poucos americanos considerariam comestíveis, com destaque para os insetos, desde larvas a cigarras e baratas (para Wat, uma salada de mamão verde não está completa sem uma barata). Wat dificilmente consome algum laticínio ou alimento processado, embora tenha aprendido a gostar de manteiga de amendoim depois de passar algum tempo nos Estados Unidos. Suas sobremesas consistiam, na maior parte, em preparações à base de frutas que não eram lá muito doces. Já sexagenário, meu amigo conserva seu físico de lutador de Muay Thai.

A alimentação dos tailandeses urbanos, especialmente dos recém-chegados do interior, inclui muitos desses elementos – entre eles os insetos –, mas também maior quantidade de alimentos processados, tanto nacionais quanto (cada vez mais) europeus e americanos. Estes últimos chegam sob a forma de redes de lanchonetes – McDonald's, Kentucky Fried Chicken (KFC) etc. –, que oferecem o melhor caminho conhecido para a obesidade. As preferências tailandesas na área do fast-food apresentam algumas peculiaridades interessantes. A Tailândia é um dos poucos lugares que visitei onde parecia haver mais franquias do KFC que do McDonald's. A preferência nacional pelo frango, e não pela carne, em parte explica isso. Mas, segundo Wat, há também o "fator fritura". Boa parte dos pratos tradicionais tailandeses é frita, embora isso seja feito numa wok e com muito menos gordura. Essa predileção pelas frituras explicaria também o recente sucesso dos fornecedores de *donuts* na Tailândia urbana.

De início, atribuí o ganho de peso cada vez mais rápido entre os tailandeses urbanos afluentes a seus hábitos alimentares americanizados, tendência que começou quando os Estados Unidos usaram bases aéreas no país como plataformas de ataque ao Vietnã, ao Laos e ao Camboja, de meados dos anos 1960 até o início da década seguinte. Era para a Tailândia também que os soldados física e psicologicamente esgotados iam quando estavam de folga. É natural que os militares procurassem a comida de sua terra natal, e eles a encontravam. Um número cada vez maior de tailandeses aprendia a gostar dos pratos menos saudáveis da culinária americana – e, assim, ganhava peso. Quem se alimenta como um americano fica gordo como um americano. Tudo isso me parecia bastante óbvio. Depois, porém, compreendi que a obesidade, seja entre os americanos, seja entre os tailandeses, como no caso de Paradorn, é um pouco mais complicada que isso.

Embora a importância da contribuição do McDonald's e do KFC para o excesso de peso nos Estados Unidos e, mais recentemente, em lugares como a Tailândia seja inegável, essas cadeias de fast-food devem ser vistas mais como causa imediata, que desencadeia o processo num organismo já predisposto. Mas o que torna o organismo predisposto? A resposta convencional é: os genes. Alguns indivíduos e grupos étnicos apresentam tendência natural à obesidade pela herança biológica. Neste capítulo, trataremos de outro tipo de predisposição: a epigenética. A predisposição epigenética em geral se desenvolve no útero ou na infância.

Genes econômicos?

A obesidade não é por si mesma uma questão de saúde pública. O problema está no que ela faz com nossa fisiologia, em especial na chamada síndrome metabólica, que consiste basicamente numa deficiência no modo como nosso corpo processa os alimentos que pode levar a doenças cardiovasculares e diabetes. Foi na tentativa de explicar o diabetes, aliás, que se propôs a hipótese dos "genes econômicos".[1] James Neel percebeu, no início da década de 1960, que, quando expostas aos hábitos alimentares ocidentais, as populações não europeias apresentavam níveis estratosféricos de diabetes (e obesidade), muito superiores aos encontrados nos Estados Unidos. Ele sugeriu, à guisa de explicação, que essas populações haviam se desenvolvido num ambiente de escassez periódica, no qual os indivíduos cujo organismo era especialmente eficiente na transformação de calorias em reservas de gordura apresentavam vantagem seletiva. Graças a seus "genes econômicos", esses indivíduos prosperavam em tempos de vacas magras, mas ficavam gordos e diabéticos em ambientes onde a comida era abundante.

A hipótese dos genes econômicos foi criticada por uma série de motivos. O mais grave é que não há evidências de que os seres humanos sofressem fomes periódicas antes da revolução agrícola ocorrida há 9 mil anos.[2] O próprio Neel logo abandonou a ideia, mas ela sobrevive até hoje, um pouco modificada.[3] A hipótese dos genes econômicos é reflexo de uma visão genocêntrica da epidemia de gordura, concepção que se manifesta também na busca dos genes da obesidade.[4] Não faltam candidatos, mas não há nenhum gene que, sozinho ou em combinação, contribua muito para explicar quem fica gordo e por quê.[5]

Enquanto os caçadores de genes estavam ocupados em sua busca, outros pesquisadores abordavam a questão da obesidade de outro ângulo, partindo do fato de que os americanos e muitos europeus estavam engordando cada vez mais depressa. É difícil atribuir essa epidemia de gordura a genes da obesidade. Por outro lado, é amplamente reconhecido que a alimentação americana é de uma fartura sem fim e que a atividade física do americano médio é insuficiente para queimar todas as calorias. Isso tudo parece tão evidente que ninguém questionaria.

Sem dúvida o estilo de vida ocidental oferecia uma explicação melhor para o drástico aumento de peso experimentado por muitos povos não ocidentais, como os inuítes, habitantes das ilhas do Pacífico, e os tailandeses urbanos como Paradorn, quando expostos ao McDonald's e ao KFC. Eles estavam apenas experimentando pela primeira vez algo que os americanos já viviam havia décadas. Os possíveis efeitos de qualquer diferença genética existente entre esses grupos eram muito tênues se comparados aos da alimentação e da atividade física.

Mas e as variações individuais no interior de cada grupo? Paradorn ainda é uma exceção entre os tailandeses urbanos. Ademais, nem todos os americanos de origem europeia estão acima do peso. Na verdade, há enormes diferenças dentro desse grupo. Embora a maior parte da variação possa ser atribuída ao estilo de vida, indivíduos com os mesmos hábitos de alimentação e práticas de exercício podem diferir substancialmente quanto ao peso. É essa variação que motiva a maior parte das atuais buscas dos genes da obesidade. O raciocínio dos caçadores de genes é mais ou menos este: mesmo descontando a alimentação, os exercícios e outros fatores, permanece o fato de que o peso das pessoas varia desde a infância; daí se segue que cada um nasce com uma predisposição diferente em relação à obesidade; portanto, os indivíduos são geneticamente diferentes em sua propensão a ganhar peso. Sob esse ponto de vista, Paradorn não teve sorte com a genética.

Mas essa cadeia de inferências lógicas aparentemente óbvias é tão sólida quanto seu elo mais fraco. E o elo mais fraco é o que conecta "portanto nascemos com predisposições diferentes em relação à obesidade" a "somos geneticamente diferentes". Isso não passa de uma falácia do tipo que com frequência encontramos em debates sobre genes gays, genes da inteligência e genes para uma série de outros atributos humanos. Do fato de que nascemos predispostos à obesidade, à homossexualidade ou seja lá ao que for não podemos inferir que exista um gene obeso, um gene gay ou qualquer outro tipo de gene. Como vimos no capítulo anterior, muitos de nós nascemos com uma predisposição a reações hiperativas ao estresse que não existia quando fomos concebidos. Tal predisposição se desenvolve no útero materno como resultado de processos epigenéticos. O mesmo pode valer para a obesidade e para os distúrbios a ela associados em pessoas como Paradorn.

Dos genes econômicos aos fenótipos econômicos

Não há dúvida de que nosso peso é afetado pelos genes. A questão, porém, é saber se, diante de uma epidemia de obesidade, buscar alelos mutantes específicos em loci genéticos específicos seria a melhor forma de investir nossas verbas de pesquisa. A obesidade não é um traço simples, como a doença de Huntington, que pode ser associada à mutação de um único gene. Ao contrário, o excesso de peso é influenciado por todos os genes relacionados à maneira pela qual processamos os alimentos. E pode haver centenas desses genes, cada um exercendo efeitos bastante pequenos.[6] Assim, a tarefa dos caçadores de genes é identificar variantes ou alelos mutantes nesse grande universo de genes, cada um deles capaz de dar sua discreta contribuição para o excesso de peso. Trata-se sempre de uma tarefa gigantesca, cujo resultado é no mínimo incerto.

Entretanto, outro programa de pesquisas bem diferente se mostrou produtivo. O objetivo da abordagem alternativa é identificar eventos intrauterinos que possam resultar em obesidade. Já é de conhecimento geral há bastante tempo que eventos ocorridos durante a gestação podem afetar a saúde dos bebês, e é por isso que se dá importância aos cuidados pré-natais. Mas essas pesquisas ampliaram muito a gama de condições que sabemos sofrer a influência mais ou menos direta do desenvolvimento intrauterino e de sua duração, incluindo a obesidade e outros elementos da síndrome metabólica.

Como ficou claro a partir da fome holandesa, um dos indicadores da qualidade do ambiente intrauterino é o peso dos recém-nascidos. Baixo peso ao nascer geralmente é sinal de que as condições não eram boas durante a gestação. Não surpreende que bebês nascidos com peso abaixo da média estejam sujeitos a uma série de problemas de saúde nos primeiros anos da infância. O surpreendente é que esses indivíduos continuam menos saudáveis depois de adultos, o que resulta em menor expectativa de vida.[7] Como vimos no Capítulo 1, uma das consequências adversas do baixo peso ao nascer é a obesidade na idade adulta. Por que um neonato pequeno se transformaria em adulto obeso? O consenso atual é que essa associação resulta de um processo chamado programação fetal,[8] boa parte do qual se dá no interior do útero.

James Barker propôs que, quando recebe nutrição insuficiente através da placenta, o feto é programado ainda dentro do útero para desenvolver um fenótipo econômico.[9] À semelhança do que ocorreria na hipótese dos genes econômicos, indivíduos dotados desse fenótipo têm um metabolismo mais eficiente que os bebês nascidos com peso normal. Mas o fenótipo econômico pode resultar de diferentes bases genéticas, mesmo sem a contribuição de genes específicos para a obesidade. Na verdade, trata-se apenas de uma consequência do ambiente intrauterino.

O fenótipo econômico funciona bem em culturas tradicionais não ocidentais, em que o ambiente pós-natal é muitas vezes marcado pela escassez. Em tais casos, o ambiente pré-natal antecipa o pós-natal de maneira adaptativa. Surgirão problemas, porém, se o ambiente posterior ao nascimento for mais rico em alimentos que o anterior ao parto. Quando há esse descompasso, os fenótipos econômicos dão origem à obesidade e às suas consequências. A hipótese de Barker explica muito bem a correlação entre baixo peso ao nascer e obesidade na idade adulta, e foi confirmada por boa parte das pesquisas posteriores (embora nem todas elas).[10]

Mas qual a natureza dessa suposta programação?

O próprio Barker não está muito preocupado com os processos pelos quais o ambiente uterino exerce esse efeito. Outros pesquisadores, porém, empreenderam investigações sobre os mecanismos do fenótipo econômico. Como de costume, os primeiros estudos foram realizados em mamíferos não humanos – principalmente em ratos, camundongos e ovelhas. Nesse tipo de estudo, os cientistas muitas vezes buscam mudanças na expressão de determinados genes, evidenciadas pela abundância de suas proteínas associadas (produtos da tradução) ou de seu RNA mensageiro (produtos da transcrição). Nesse caso, o que se procura são diferenças de longa duração na expressão gênica entre os indivíduos nascidos abaixo do peso e os que nasceram com peso normal. De fato, os cientistas descobriram uma série de diferenças na expressão gênica associadas ao baixo peso dos neonatos.[11]

Muitas dessas diferenças na expressão gênica se manifestam em tecidos específicos. Por exemplo, determinado gene pode ser mais (ou menos) ativo no fígado de um recém-nascido, enquanto outro pode ser mais (ou menos) ativo no tecido adiposo (células de gordura). Outros genes, em especial o gene dos receptores de glicocorticoides (*GR*; veja o capítulo anterior), exibem padrões de expressão diferentes em muitos tecidos, incluindo várias partes do cérebro, o fígado, as glândulas suprarrenais, o coração e os rins.[12] É frequente a persistência dessas diferenças de padrões de expressão gênica na maturidade e na velhice.

Muitos dos genes cuja expressão varia de acordo com o ambiente uterino têm como produto fatores de transcrição, cada um dos quais influencia a expressão de vários outros genes. O resultado final é uma série de diferenças de longa duração na expressão gênica em muitos tecidos afetados pelo ambiente intrauterino. O desafio é decifrar as relações de causa e efeito nesses padrões de expressão gênica e conectá-los causalmente a eventos ocorridos durante a gestação. Como essas diferenças na expressão gênica são de longa duração, os pesquisadores começaram a procurar sinais epigenéticos.

Os padrões de metilação variam com os hábitos alimentares

A expressão de uma família de genes em particular parece estar diretamente relacionada à disponibilidade de nutrientes no útero materno: os genes que codificam os DNAs metiltransferases (Dnmt).[13] A Dnmt promove e mantém a metilação nos genes sujeitos à regulação epigenética. Assim, quando os níveis de Dnmt estão altos, esses genes tendem a ser desativados ou silenciados. Por outro lado, baixos níveis de Dnmt e a consequente metilação reduzida resulta em maior expressão dos mesmos genes.

Em ratos alimentados com uma dieta de restrição proteica durante a gestação, a expressão dos *Dnmt* é reduzida.[14] Baixos níveis de Dnmt significam que alguns genes que deveriam ser metilados não o são. Por não sofrerem metilação, seria de esperar que esses genes se mostrassem mais ativos que o normal, gerando mais aquilo que produzem. Um dos genes metilados pelo Dnmt é o *GR*.[15] Esse é mais um exemplo de regulação gênica específica a determinado tecido (e, portanto, sensível ao contexto). Lembre-se de que no hipocampo o NGF se liga ao *GR*, desativando-o. Em ratos alimentados com uma dieta pobre em proteínas, os níveis de Dnmt caem, resultando em menor metilação do *GR* e, portanto, em maior expressão desse gene. Se, por um lado, níveis menores que o normal de expressão do *GR* no hipocampo causam problemas, como, por exemplo, uma reação hipersensível ao estresse, no fígado e em outros tecidos, por outro lado, níveis maiores que o normal fazem com que esses tecidos se tornem demasiado sensíveis aos hormônios do estresse. O efeito a longo prazo é um aumento no risco de diabetes, obesidade e outros elementos da síndrome metabólica.[16]

A conexão entre a expressão do *GR* e a síndrome metabólica levou alguns pesquisadores a especular que, em última instância, os baixos níveis de nutrientes no útero materno representariam apenas mais um fator estressante, cujos efeitos seriam mediados pela reação ao estresse.[17] Se for assim, outras formas de estresse intrauterino que resultam em níveis elevados de cortisol deveriam reproduzir os efeitos das deficiências nutricionais. De fato, há evidências de que o estresse social experimentado pela mãe aumenta os riscos de que sua prole desenvolva a síndrome metabólica. Um feto submetido a ambos os tipos de estresse, como ocorreu durante a fome holandesa, seria especialmente vulnerável à síndrome.

O estresse materno acrescenta uma nova dimensão em potencial à epidemia de obesidade. Alguns pesquisadores propuseram que o aumento nos níveis de obesidade seria em parte atribuível ao tão estressante estilo de vida ocidental, em particular nas áreas urbanas.[18] Esse estresse é transmitido ao feto através da placenta, resultando em diabetes, obesidade etc. Assim, é possível que Paradorn esteja acima do peso pelo estresse a que sua mãe foi submetida quando estava grávida. Esse estresse poderia ter diversas causas – a pobreza, por exemplo. É possível que a explicação esteja no ambiente social da gestante. Ela talvez tenha se afastado da família na região rural de Issan em busca de uma vida melhor na movimentada Bangkok. Além do imenso choque cultural, isso a deixaria isolada, sem o apoio social das famílias tailandesas tradicionais do interior. Seja qual for a origem de seu estresse, tanto o peso quanto a reação ao estresse do filho podem ter sido afetados.

Deve-se notar ainda que tudo o que é demais faz mal e pode provocar estresse intrauterino. Um feto que recebe calorias em excesso também sofre exacerbação das reações ao estresse e é mais suscetível à obesidade.[19] Talvez por isso os recém-nascidos acima do peso, tanto quanto os mais magros que o normal, tendem a se tornar adultos obesos. Para Paradorn, isso significaria uma explicação totalmente diferente do envolvimento da mãe em seu problema. Depois de se mudar para a cidade, ela teria abandonado sua alimentação tradicional, trocando-a pelo McDonald's e pelo KFC. Durante a gravidez, o desejo desse tipo de comida só fez aumentar. O efeito do excesso de calorias sobre Paradorn – seja direta, alterando sua calibragem metabólica, seja indireta, pela reação ao estresse – foi uma predisposição à obesidade. Esse enredo apenas especulativo procura apenas dar uma ideia da diversidade potencial das mudanças epigenéticas induzidas pelo ambiente no que tange à obesidade.

Do DNA às histonas

Até aqui só tratamos de uma das formas pelas quais a metilação exerce seus efeitos epigenéticos sobre a atividade gênica: pela ligação de grupos metila a um gene específico ou nas proximidades de um gene específico. Contudo, muitos dos efeitos da metilação sobre a expressão gênica são mais indiretos. Esses efeitos indiretos se dão por meio de uma classe de proteínas denominadas histonas.[20] Há indícios de que modificações das histonas do feto, desencadeadas pela alimentação, desempenhariam algum papel na síndrome metabólica.[21]

Quando ouvi falar em DNA pela primeira vez, nas aulas de biologia do ensino médio, minha imagem mental do que se passava no plano molecular era a da dupla-hélice flutuando nua pelo núcleo, sempre pronta para a síntese proteica. Somente mais tarde, e com algum esforço mental, consegui entender que o DNA não tem nada de uma estrutura nua, estando, ao contrário, enredado, em íntima ligação, com as proteínas. É esse complexo formado pelo DNA e pelas proteínas que constitui os cromossomos. O DNA e as proteínas estão tão emaranhados que, como mencionei no Capítulo 2, após a descoberta dos cromossomos, ninguém sabia dizer se o material genético era formado por eles ou por elas. Naturalmente, depois de provado que o DNA era o material genético, o componente proteico dos cromossomos caiu no esquecimento.

Acreditava-se que a principal função das proteínas cromossômicas seria o empacotamento eficiente do DNA inativo num estado condensado, de modo a ocupar bem menos espaço que a forma expandida e ativa – algo parecido com a compactação de arquivos de computador. Não faz muito tempo que, graças principalmente às pesquisas epigenéticas, emergiu uma visão bem diferente acerca dessas proteínas. Segundo a nova concepção, as histonas seriam muito mais dinâmicas do que se acreditava e desempenhariam um importante papel na regulação da expressão gênica.

Em geral, a ligação entre as histonas e o DNA é mais frouxa onde os genes participam ativamente da síntese proteica e mais forte onde os genes estão inativos. O grau de ligação entre uma histona e o DNA varia em função de processos epigenéticos. Tais processos envolvem vários tipos de alteração bioquímica na histona, um dos quais é a metilação.[22] À semelhança da metilação do DNA, a metilação da histona geralmente (mas nem sempre) bloqueia a expressão gênica. E, tal qual ocorre com o DNA metilado, as histonas metiladas são transmitidas, intactas, de uma célula a suas descendentes.

Ratos submetidos a uma alimentação pobre em proteínas durante o desenvolvimento apresentam modificações nas histonas próximas ao gene *GR*, fazendo com que este se expresse em nível acima do normal.[23] Não se sabe ao certo se essas mudanças baseadas em histonas são anteriores ou posteriores às alterações do gene provocadas pela metilação do DNA. Os dois tipos de metilação se dão com frequência de forma coordenada. Para a sintonia fina das abordagens terapêuticas, é importante conhecer, de maneira precisa, como se dá exatamente a coordenação entre as duas variedades de metilação. Sabemos hoje que o ácido fólico e outros nutrientes essenciais (o zinco, a vitamina B12 e a colina, por exemplo) são capazes, por meio de seus efeitos epigenéticos, de amenizar as consequências da desnutrição fetal.[24]

O ácido fólico foi usado pela primeira vez como tratamento profilático contra a espinha bífida e outros problemas do tubo neural. O tratamento mostrou-se bastante eficaz quando feito no primeiro trimestre da gestação. Esse efeito do ácido fólico se dá por meio de modificações epigenéticas de certos genes fundamentais para o desenvolvimento neurológico. Mais tarde, descobriu-se que a substância exerce outros efeitos epigenéticos durante o desenvolvimento, alguns dos quais combatem a síndrome metabólica.[25] Os efeitos epigenéticos do ácido fólico prosseguem até bem depois do nascimento, chegando talvez à idade adulta. Por essa razão, a maioria dos fabricantes de alimentos fortifica todos os produtos derivados de grãos, dos cereais à farinha, com doses suplementares de ácido fólico (normalmente extraído de frutas e hortaliças). Essa talvez seja a primeira aplicação da epigenética nutricional.

Existem motivos para sermos cautelosos com esse experimento descontrolado. Dado seu potencial para promover alterações epigenéticas, quando ingerido em excesso, o ácido fólico pode ser prejudicial. Considerações epigenéticas levaram alguns a suspeitar de que haveria uma conexão entre níveis elevados da substância e o autismo, por exemplo.[26] O suposto aumento nos casos de autismo corresponde mais ou menos ao período em que o ácido fólico passou a ser adicionado aos alimentos em larga escala e consumido em altas doses pelas gestantes. Além do quê, foram identificadas diferenças epigenéticas em alguns indivíduos diagnosticados com autismo.[27]

Até o momento, a associação entre ácido fólico e autismo é pouco mais que uma conjectura. Mas não resta dúvida de que o futuro da epigenética nutricional será brilhante, tanto no uso preventivo quanto no terapêutico. No aspecto profilático, os melhores frutos serão colhidos quando os cientistas forem capazes de influenciar a "programação fetal" da obesidade, do diabetes e de outras condições em pessoas como Paradorn. Isso seria feito por meio de medidas nutricionais cuidadosamente cronometradas e dirigidas. No aspecto terapêutico, os efeitos seriam sentidos quando se desenvolverem dietas formuladas especificamente para os indivíduos suscetíveis a esses males ou que deles já sofrerem – desde a infância e durante o resto da vida. Tanto o potencial terapêutico quanto o profilático da epigenética nutricional se aplicam a muitas outras enfermidades, como o câncer, de que tratarei adiante.

O que predispõe Paradorn?

Já exploramos várias explicações possíveis para o sobrepeso de Paradorn; estas podem ser divididas em duas categorias amplas: a genética e a epigenética. Uma não exclui a outra. É possível que Paradorn represente uma rara combinação entre genes econômicos e da obesidade que causaram problemas num ambiente de fartura alimentar. Por outro lado, a predisposição de Paradorn pode ter se originado no útero materno ou no ambiente em que nasceu e começou a se desenvolver. Se for assim, a predisposição será em larga medida epigenética. Já tratei aqui de um dos possíveis mecanismos epigenéticos, que envolve o Dnmt e o gene *GR*, afetados por fatores nutricionais e pelo estresse. Tanto a explicação genética quanto a epigenética envolvem os genes, mas de maneiras fundamentalmente diferentes. As explicações genéticas para a tendência de Paradorn exigem uma variação sequencial, isto é, uma variação nos alelos de um locus genético específico. Tais variações não são afetadas por fatores ambientais, exceto nos casos de mutação. Já as explicações epigenéticas para os problemas de Paradorn envolvem variações em ligações químicas, seja em genes essenciais, seja em histonas adjacentes, que podem se mostrar extremamente sensíveis ao ambiente externo.

Uma das razões pelas quais as explicações genéticas para a obesidade continuam a despertar tanta atenção está no fato de que a obesidade talvez seja uma doença de família. Os processos epigenéticos começam e terminam durante a vida de um único indivíduo. Ou pelo menos era o que se pensava. Recentemente, ficou claro que os processos epigenéticos, incluindo os envolvidos na obesidade, também podem atravessar as gerações. Este será o tema do próximo capítulo.

6. Sobre brotos, árvores e frutos

Visitei o zoológico de Toronto pela primeira vez num lindo dia de outubro, em 2008. Uma de minhas primeiras paradas foi diante dos gorilas, onde permaneci extasiado por mais de uma hora. A dinâmica social era fascinante, e havia um guia que complementava o que víamos com muitas informações úteis sobre o relacionamento entre os indivíduos, as histórias de suas vidas e as peculiaridades de suas personalidades. Havia várias fêmeas adultas, alguns animais jovens, dois filhotes – um deles nascido há bem pouco tempo – e um macho maduro, nada muito diferente do que seria um bando de gorilas em seu hábitat natural. Fisicamente, o macho, Charles, era a figura que mais chamava atenção, com a cabeça e o pescoço enormes e um torso de fazer inveja a qualquer fisiculturista turbinado por esteroides. Charles tinha quase 35 anos. Se estivesse na selva, seus melhores dias já teriam se passado. Mas, em cativeiro, ainda dava para o gasto. Após longos anos de zoológico, tinha uma prole numerosa, que incluía o macaquinho mais novo.

A personalidade do ancião era, porém, bem menos atrativa que seu físico. Os machos mais velhos, em geral, costumam ser carrancudos e não muito dispostos a interagir com o resto do bando. Mas Charles era um caso extremo, mesmo para um gorila idoso. Por exemplo, ele demonstrava forte rejeição aos próprios filhos, o que não é normal. As fêmeas, fossem mães ou tias, tinham plena consciência disso e tentavam afastar do pai os filhotes agitados, temendo que eles apanhassem. Era uma cena divertida de se observar, pois o menorzinho dava muito trabalho, por ser o que mais insistia em interagir com o brutamontes. A mãe muitas vezes era obrigada a usar da força para desviar os filhotes, sem tirar os olhos do pai nem por um segundo.

Charles talvez não fosse culpado por seu comportamento antissocial, já que tivera uma infância traumática. Encontrado na selva ao lado do corpo da mãe, abatida por caçadores, logo em seguida fora mandado para o zoológico de Toronto, onde seria criado por seres humanos. Ele nunca teve a oportunidade de uma socialização normal com outros gorilas. Em retrospecto, é impressionante que Charles tenha se saído tão bem como reprodutor. Muitos gorilas machos criados por seres humanos são sexualmente incompetentes.[1] Os que chegam a fazer sexo, não sabem direito como proceder. Em geral, os machos criados por seres humanos não são bons reprodutores. Os dados sobre o assunto são abundantes, pois uma porcentagem considerável dos gorilas criados em cativeiro é rejeitada ou negligenciada pelas mães e, como último recurso, tem de ser cuidada por mãos humanas, por uma questão de ética e conservacionismo (as três subespécies de gorila estão ameaçadas de extinção).

Para as fêmeas criadas por seres humanos, as consequências são ainda mais graves. As interações sociais são bem mais importantes para as macacas adultas do que para os machos; é a interação entre elas que dá coesão social ao grupo. As gorilas de criação humana têm todo tipo de problemas resultantes de uma socialização inadequada. Uma de suas maiores dificuldades é a maternidade, o que explica a existência de tantos gorilas de cativeiro negligenciados pelas mães e que precisam ser criados pelo homem. Isso gera um ciclo vicioso: fêmeas criadas por seres humanos não se tornam boas mães, dando origem a mais gorilas criados por nós e, portanto, mais mães inadequadas.

O problema é agravado pelo fato de que, por uma questão de preservação da espécie, as fêmeas são levadas com frequência de um zoológico a outro, de modo a minimizar os cruzamentos consanguíneos. Isso torna os grupos de fêmeas em cativeiro menos estáveis, o que é mais estressante para elas. A criação de um gorila depende de um grupo, e grupos estáveis são sempre melhores. Os efeitos do confinamento também devem contribuir para o problema, mesmo porque o controle das disputas, que se dá, por exemplo, pelo afastamento, fica prejudicado. De todo modo, a maternidade é extremamente problemática para os gorilas que vivem em cativeiro.

Não é difícil perceber que, entre os gorilas, a maternidade não é instintiva; trata-se de uma habilidade aprendida. Mas o problema das mães sem mãe também aponta para o fato de que para ser uma boa mãe gorila é preciso estar num estado emocional adequado. É provável que as fêmeas sem mãe não se encontrem nesse estado quando confrontadas com seus próprios bebês.

Para os propósitos deste capítulo, meu foco será posto no fato de que, entre os gorilas, a maternidade também é um traço hereditário, uma herança social.[2] Entre esses primatas, a maternidade saudável depende do bom funcionamento da estrutura social, algo que os zoológicos não têm se mostrado capazes de reproduzir adequadamente. Os efeitos desses desvios da norma social influenciam o desenvolvimento neural e outros processos psicológicos. Essas mudanças psicológicas muitas vezes são mediadas por processos epigenéticos. Neste capítulo, exploraremos a herança social epigeneticamente mediada nos gorilas e em outros animais, dos roedores aos homens.

Dos macacos sem mãe aos ratos malcuidados

Nos anos 1950, Harry Harlow realizou, na Universidade do Wisconsin, alguns experimentos pioneiros acerca da ligação emocional do bebê com a mãe.[3] Os experimentos foram conduzidos em macacos *Rhesus*, que, entre os primatas, são um dos modelos preferidos para muitas investigações científicas. Lembro-me de haver assistido, durante minha graduação, a um filme sobre os experimentos que me despertou um misto de fascínio e repulsa. Sem dúvida, pelos padrões de hoje, as pesquisas de Harlow parecem ultrapassar um limite ético no tratamento dado aos animais. O próprio Harlow não era visto como uma figura especialmente simpática, mas como uma forma caricata de psicólogo experimental, quase um cientista maluco. Contudo, as acusações de seus detratores mais ferrenhos, segundo os quais seus experimentos, sádicos na aparência, não tinham nenhum valor científico, não têm o menor fundamento.

Os primeiros experimentos de Harlow foram concebidos para responder a uma questão fundamental a respeito do laço entre mãe e filho sob a perspectiva da criança: seria este sustentado pela nutrição recebida pelo bebê (no início, o leite), ou por alguma outra qualidade, menos obviamente necessária à vida, oferecida pela mãe? Hoje, a resposta pode parecer evidente, mas não era na época. Segundo a visão então dominante, da escola behaviorista, os bebês se apegariam às mães apenas pelo alimento oferecido. Harlow questionava a linha behaviorista e decidiu testá-la. O cientista construiu macacas de arame, algumas dotadas de mamilos por onde o leite podia fluir e outras desprovidas de mamilos, mas forradas com tecido atoalhado. Recém-nascidos havia pouco separados das mães biológicas podiam escolher um dos tipos de mãe artificial para se agarrar. Todos os bebês logo aprenderam a mamar nas bonecas de arame, mas preferiam passar o resto do tempo, incluindo o sono, agarrados às bonecas de pano. A estimulação tátil oferecida pelas macacas de tecido – ainda que não se comparasse aos pelos de uma mãe verdadeira – era mais atraente para os recém-nascidos que o leite oferecido pela versão de arame.

É evidente que uma boneca inanimada de arame, mesmo quando coberta de tecido, não substitui uma mãe de verdade, atenciosa e dedicada. Assim, os bebês "criados" pelas bonecas apresentavam níveis elevados de estresse e graves problemas psicossociais. E era impossível ressocializá-los adequadamente com outros macacos, não importando os métodos empregados.[4] Nos anos 1960, Steven Suomi, aluno de Harlow, estudou o comportamento das fêmeas criadas por bonecas quando se tornaram mães – em outras palavras, das mães sem mãe. Ele observou que essas macacas, na melhor das hipóteses, negligenciavam, e na pior, agrediam os próprios filhos.[5] As semelhanças com o caso dos gorilas em cativeiro é evidente. Além disso, esses estudos proporcionaram reflexões importantes sobre a condição humana, em especial sobre o fato de que os maus-tratos e o descuido com as crianças costumam se repetir na mesma família, ao longo de várias gerações. Negligência gera negligência. Abuso gera abuso.

Mas *como* a negligência gera negligência? O que acontece no cérebro de uma criança malcuidada que a faz se tornar um pai ou mãe negligente? Um retorno aos estudos de Michael Meaney e seus colaboradores nos ajuda a responder a essa questão. Lembre-se de que as mães ratas variam quanto ao grau de estimulação tátil proporcionada aos filhotes por meio de lambidas, e que os ratos que não foram lambidos o suficiente tendem a se transformar em adultos estressados pelas mudanças epigenéticas no gene NGF. O que acontece quando as ratas adultas estressadas se tornam mães? Nada muito diferente do que ocorre com os gorilas criados em cativeiro e com os macacos *Rhesus* de Harlow. Ratas negligenciadas (privadas de lambidas) se tornam mães negligentes.[6]

Graças ao modelo dos ratos, conseguimos nos aprofundar um pouco mais nos mecanismos dessa herança social. Uma explicação possível é que fêmeas estressadas não são boas mães: uma rata privada de lambidas se transforma numa mãe estressada em consequência de alterações epigenéticas no gene NGF; por causa do estresse, ela é uma mãe descuidada, de modo que seus filhotes do sexo feminino sofrem a mesma mudança epigenética e se tornam, também elas, mães estressadas – e assim o ciclo se repete. Parece que essa é uma parte da história, mas ainda não é a história toda.

Entre os ratos, como em todos os mamíferos, incluindo o homem, as mães passam por uma série de mudanças hormonais antes e depois do parto. Os níveis de ocitocina se elevam, assim como os de estrogênio e de receptores sensíveis a esse hormônio. O nível de receptores de estrogênio parece desempenhar papel de especial importância para o comportamento materno. Esses níveis se encontram reduzidos nas fêmeas criadas por más lambedoras em comparação com as criadas por boas lambedoras.[7] Uma das consequências dos baixos níveis de receptores de estrogênio é que, quando se tornam mães, essas fêmeas não apresentam uma reação normal aos altos níveis de estrogênio liberados no parto. Um dos efeitos dessa reação diminuída é uma menor ligação de ocitocina no hipotálamo, região do cérebro fundamental para o comportamento materno. A ocitocina, principalmente quando atua no hipotálamo, promove comportamentos sociais ou de filiação.[8] (Alguns pesquisadores, numa perspectiva reducionista, referem-se a ele como "hormônio do amor".) Esse efeito dos receptores de estrogênio sobre a ocitocina se dá porque o complexo formado pelo estrogênio e por seus receptores estimula a expressão do gene dos receptores de ocitocina no hipotálamo, pois se liga diretamente ao painel de controle do gene responsável pela codificação destes últimos.

A expressão diminuída do gene dos receptores de estrogênio das ratas filhotes tende a persistir na idade adulta, o que aumenta a probabilidade de que estas venham a ser lambedoras menos dedicadas quando se tornarem mães. Assim, os efeitos da falta de cuidados maternos se perpetuam por mais uma geração. Como você já deve estar imaginando, os efeitos de longo prazo da falta de lambidas sobre a expressão do gene dos receptores de estrogênio são de natureza epigenética. Filhotes nascidos de boas lambedoras mas criados por más lambedoras têm menos receptores de estrogênio no hipotálamo que seus irmãos que permaneceram com a mãe biológica.[9] O inverso também é verdadeiro: animais nascidos de lambedoras negligentes mas criados por lambedoras dedicadas têm níveis elevados de receptores de estrogênio no hipotálamo. Em ambos os casos, as alterações nos níveis dos receptores persistem graças à metilação do painel de controle do gene que o codifica. Os filhotes criados por más lambedoras apresentam uma metilação mais intensa desse painel de controle que os criados por boas lambedoras. (Lembre-se de que, em geral, altos níveis de metilação resultam em menores níveis de expressão para um dado gene.)

Herança social

As fêmeas nascidas de más lambedoras são vítimas de uma dupla maldição que afeta seu próprio desempenho como mães. Em primeiro lugar, como vimos no Capítulo 4, sua reação ao estresse é exacerbada graças a alterações epigenéticas do gene NGF no hipocampo. Como a presença de recém-nascidos é em si mesma estressante, elas são desatentas e descuidadas com os próprios filhotes. Em segundo lugar, em decorrência de alterações epigenéticas do gene receptor de estrogênio no hipotálamo, são menos inclinadas a lamber as próprias crias, mesmo quando seu grau de estresse não é tão alto.

Portanto, a maternidade deficiente tende a se perpetuar num círculo vicioso. A boa maternidade, pelo contrário, tende a se perpetuar num círculo virtuoso, de geração em geração. Trata-se de uma forma de herança social mediada por processos epigenéticos. Embora a maior parte das pesquisas sobre a herança social de base materna tenha sido feita com roedores, há evidências substanciais da ocorrência de processos similares em primatas, incluindo o homem. Nos macacos *Rhesus*, a espécie estudada por Harlow, a rejeição e as agressões maternas sofridas durante os três primeiros meses causa diversas patologias cerebrais e comportamentais, incluindo alterações da reação ao estresse.[10] Efeitos semelhantes foram observados em outros primatas.[11] Nos macacos *Rhesus*, sob condições bem menos severas que as dos experimentos de Harlow, o comportamento materno e, portanto, seus efeitos sobre os filhotes tendem a se repetir nos membros de uma mesma família.[12]

A infância humana é especialmente prolongada. Crianças submetidas a maus-tratos maternos ou paternos, incluindo agressões físicas e psicológicas, não apresentam boa saúde mental.[13] Como nos ratos e macacos, esses efeitos estão associados a alterações na reação ao estresse.[14] Além disso, também como entre ratos e macacos, filhos malcuidados tendem a se transformar em maus pais depois de adultos.[15] Como vimos no Capítulo 4, os ratos privados de lambidas têm uma reação exacerbada ao estresse, causada por alterações epigenéticas do gene NGF no hipocampo. Hoje há provas da existência de efeito semelhante em seres humanos que sofreram abusos na infância.[16]

No entanto, mesmo uma criação que esteja longe de ser abusiva pode exercer efeitos permanentes sobre o comportamento, boa parte deles mediados pela reação ao estresse. Dentre esses efeitos, o mais bem-documentado em seres humanos está relacionado à qualidade dos cuidados maternos medida por um índice denominado Parent Bonding Instrument (Instrumento de Vínculo Parental), ou PBI. Um tanto paradoxalmente, pontuações baixas no que se refere a esses cuidados estão muitas vezes associadas a níveis elevados de controle materno. Essa combinação, o chamado *controle sem afeto*, é um fator de risco para depressão, ansiedade, transtorno de personalidade antissocial, transtorno obsessivo-compulsivo, abuso de drogas e para uma reação ao estresse aumentada.[17] Por outro lado, um alto nível de cuidados maternos, medido pelo PBI, está associado a autoestima elevada, baixo grau de ansiedade e reação ao estresse mais branda.[18]

"Estilo materno" é a expressão algumas vezes usada para descrever o conjunto de reações comportamentais de uma mãe a sua prole.[19] O termo não se refere apenas aos abusos e à negligência, mas também ao que pode ser entendido como a faixa normal de variação do comportamento materno, desde o controle sem afeto até uma atitude carinhosa de não intervenção, passando por todas as formas intermediárias. Tanto nos ratos quanto nos seres humanos, um estilo materno situado na faixa da normalidade pode ser transmitido de geração em geração.[20] No nosso caso, porém – ao contrário do que ocorre com os ratos e com a maioria dos outros mamíferos, incluindo os primatas, como os macacos *Rhesus* e os gorilas –, além das mães, os pais também desempenham papel importante na criação dos filhos. O estilo paterno ainda não foi muito estudado, e seus efeitos no comportamento emocional e na reação ao estresse da geração seguinte também não foram muito pesquisados. Todavia, dados provenientes de estudos sobre abusos contra crianças e sobre a transmissão social desses abusos mostram a importância do papel paterno. Além disso, um estudo recente encontrou uma correlação entre o hormônio regulador do estresse CRH (ver Capítulo 4) e os níveis relatados de cuidado paterno, e não só materno.[21] É clara a necessidade de maior investigação acerca do estilo paterno.

Paus tortos

Há muita verdade no velho adágio que diz: "Pau que nasce torto morre torto." O que acontece no início da vida tem consequências duradouras. Como vimos, um dos mecanismos por trás dessa tendência é a mudança epigenética induzida pelo ambiente. Contudo, em minhas caminhadas pela floresta, percebi que algumas árvores começam a crescer numa direção para então sofrer um desvio radical, chegando às vezes a noventa graus. Isso costuma acontecer quando a árvore começa a vida crescendo na horizontal pela presença de algum obstáculo no ambiente, como uma pedra ou outras árvores, e depois segue na vertical, em direção à luz solar. Há inúmeros casos análogos no desenvolvimento psicológico humano. Muitos dos que têm infâncias problemáticas conseguem dar a volta por cima. A maioria das vítimas de abuso não se transforma em agressores de crianças. O ciclo pode ser quebrado.

A relação entre pais e filhos fornece as bases do processo de socialização, mas eventos posteriores, em especial a interação com os semelhantes, também têm papel de destaque no desenvolvimento social e, portanto, emocional. Isso acontece até mesmo com os ratos. Michael Meaney e seus colaboradores foram capazes de reverter muitos dos efeitos adversos da negligência materna oferecendo aos roedores um ambiente social enriquecido após o desmame.[22] Depois de passar algum tempo na companhia de outros ratos bem-ajustados do mesmo sexo, as mudanças na reação ao estresse foram consideráveis. É significativo que essa alteração tenha sido acompanhada por modificações na metilação do gene NGF. Embora tendam a persistir, essas ligações epigenéticas não são irreversíveis.

Primatas como os macacos *Rhesus* também podem ser reabilitados de maneira semelhante. Mas há limites, claro. Não foi possível reabilitar os filhotes sem mãe de Harlow, e a socialização do gorila Charles nunca foi além do intercurso sexual. Nisso, comparado com outros gorilas machos sem mãe, ele ainda teve sorte. Às vezes o estrago é grande demais para ser consertado.

Entre os seres humanos, dado nosso dilatado período de socialização, as oportunidades de superar uma infância difícil parecem especialmente promissoras. Na medida em que crianças submetidas a situações de risco conseguem se recuperar, é de esperar a ocorrência de reversões epigenéticas do tipo identificado no laboratório de Meaney, além de possíveis modificações epigenéticas em outros genes (os processos epigenéticos não terminam nem começam na infância). Nos casos de difícil tratamento, em que uma intervenção farmacêutica se torna necessária, as drogas mais eficazes serão aquelas capazes de alterar epigeneticamente a expressão gênica. O laboratório de Meaney teve sucesso no uso de terapias farmacológicas desse tipo para ajustar a reação ao estresse de ratos vítimas de negligência materna.[23]

Os casos mais graves, que não podem ser resolvidos por alterações posteriores no ambiente social, se transformam em adultos debilitados e geram descendentes problemáticos. Essa é a dimensão patológica da herança social, a mais fácil de se identificar, mas que é apenas a pequena ponta visível do iceberg.

Ampliando nossa noção de hereditariedade

Nossa herança não se limita a nossos genes. Nosso legado extragenético inclui um ambiente social que começa com nossos pais mas pode se estender bem além deles, a ponto de incluir toda uma cultura. Os gorilas também herdam seu ambiente social. Charles e outros macacos mantidos em cativeiro são um exemplo dramático do que pode dar errado no processo de socialização em contexto social fora do normal. Em seus experimentos de privação materna, Harlow criou patologias sociais ainda mais extremas. Suas mães órfãs não tinham as mínimas condições de cuidar dos filhotes. Charles pelo menos teve a oportunidade de estabelecer um vínculo com a mãe antes que os caçadores a matassem. Muitos dos gorilas criados em cativeiro não têm essa sorte. Ainda que não estejam sujeitos a privações tão extremas quanto as sofridas pelos macacos de Harlow, são criados por substitutos que nem se comparam a uma mãe gorila, isto é, por seres humanos. Assim, tornam-se pais ineptos ou mães negligentes, num ciclo perpétuo de socialização patológica.

Já faz muito tempo, uma forma de herança social menos patológica foi demonstrada em ratos. Uma rata submetida a estresse transmite suas reações exacerbadas às filhas e às netas. Mas mesmo ratas não manipuladas que exibem comportamentos maternos dentro da faixa de variação normal (evidenciados por um cuidado maior ou menor com os filhotes) tendem a transmitir seu estilo materno às crias do sexo feminino. Nesse caso, porém, os cientistas desvendaram o mecanismo, que envolve alterações epigenéticas em dois genes: o NGF e um receptor de estrogênio. Seria interessante investigar se os mesmos processos epigenéticos estão por trás da transmissão dos estilos maternos nos primatas não humanos e no homem. No ser humano, ao contrário do que ocorre com a maioria dos mamíferos, também valeria a pena investigar a transmissão do estilo paterno.

O laboratório de Meaney mostrou que, no caso dos filhotes de ratos situados na faixa normal de cuidados maternos, os efeitos da ausência de cuidados podem ser revertidos pelo oferecimento de um ambiente social enriquecido. Não é de surpreender que as modificações comportamentais estejam associadas a alterações epigenéticas no gene NGF. As patologias induzidas por Harlow nos macacos *Rhesus* e pelo cativeiro nos gorilas são de reversão mais difícil. Contudo, ainda que os maus-tratos às crianças sejam recorrentes numa mesma família, a maioria de suas vítimas não se transforma em agressor, o que mostra a importância da socialização.

Embora os estilos de paternidade e maternidade, incluindo os maus-tratos, não sejam transmitidos de geração em geração com a mesma fidelidade das características genéticas como, por exemplo, a cor dos olhos, essa é uma forma importante de hereditariedade, em especial no que se refere ao comportamento psicossocial. Na verdade, é fácil confundir a herança social com uma herança genética clássica envolvendo "genes do abuso" ou algo semelhante. Há de fato genes envolvidos, mas como efeito, não como causa. Se algum gene desempenha papel causal na herança social aqui descrita, isso se dá por meio de suas modificações epigenéticas induzidas pelo ambiente. Seria esta, então, uma forma de herança epigenética? É possível defender a tese de que se trata de uma forma indireta de herança epigenética. A diferença entre legados epigenéticos diretos e indiretos será analisada no próximo capítulo.

7. A herança de Wright

Quando pensamos em animais domesticados, o porquinho-da-índia, ou cobaia, não está entre os primeiros que nos vêm à mente. Contudo, sua domesticação se deu milênios antes que a do cavalo – não como bicho de estimação, mas para servir de alimento. Aliás, os porquinhos-da-índia continuam até hoje uma das bases da alimentação nos Andes peruanos e bolivianos, onde surgiram as primeiras criações. Somente milhares de anos mais tarde, após serem transportados para a Europa, no século XVII, foram convertidos em animais de estimação e depois em modelos paradigmáticos para experimentos científicos.

Foi em parte devido à sua rota tortuosa – de navio – até chegar aos portos da Europa que a espécie ganhou sua denominação popular: porquinho-da-índia, em português, *guinea pig* ("porco-da-guiné"), em inglês. E são mesmo nomes curiosos para um animal que não veio da Índia nem da Guiné e que não é um porco. O nome inglês faz referência à costa da Guiné, na África Ocidental, onde os navios europeus vindos da América do Sul ou das Índias Ocidentais, como o continente americano era então conhecido, aportavam para reabastecimento. Embora as embarcações trouxessem as cobaias da América do Sul, muitos europeus acreditavam que elas fossem originárias da Guiné. Os marinheiros da Europa, assim como os povos andinos responsáveis por sua domesticação, carregavam os navios com os animaizinhos porque eles eram uma boa fonte de proteínas para a longa jornada. Dos que não foram comidos, alguns se tornaram os primeiros porquinhos-da-índia de estimação.

É provável que os "porquinhos" se chamem assim pelo fato de não lembrarem em nada os roedores europeus – camundongos, ratos etc. –, ainda que sua semelhança com os suínos também não seja nada evidente. Mas, ao menos para o pai da classificação científica, eles de fato se pareciam porcos, e por isso Lineu batizou a espécie de *porcellus* ("porquinho", em latim), talvez por seu porte bastante atarracado e ao rabinho pequeno.

O porquinho-da-índia, na verdade, é um tipo de cávia, um gênero de roedores sul-americanos que geralmente habita pastagens situadas em altitudes elevadas. O capim constitui o grosso da alimentação de uma cávia selvagem, aliás, muitos a consideram o equivalente ecológico da vaca. Mas os porquinhos-da-índia não são tão dependentes do pasto quanto as vacas e vivem bem com uma alimentação variada. Este é um dos motivos pelos quais é fácil criá-los em cativeiro. Nos Andes, é comum ver os bichinhos correndo soltos pela casa até a hora de ir para a panela.

Aos olhos dos europeus bem-alimentados, os porquinhos-da-índia pareciam irresistivelmente bonitinhos e fofinhos. Isso explica por que, na Europa, foram convertidos de comida em mascotes. Durante essa segunda fase de domesticação, os criadores selecionaram uma variedade de colorações de pelagem, além de pelos longos e encaracolados, que divergia radicalmente do tipo selvagem. Foi sobretudo por causa dessa variação nas pelagens que as cobaias se tornaram o primeiro modelo mamífero para estudos genéticos.

William Castle e Sewall Wright

Mais ou menos pela mesma época em que Morgan estava montando sua Sala das Moscas na Universidade Columbia (Capítulo 2), William Castle iniciava estudos genéticos comparáveis em Harvard. Há certa ironia no fato de Castle ter sido o primeiro a enxergar o valor potencial das moscas-das-frutas para a genética,[1] embora, ao contrário de Morgan, tenha preferido se ater aos mamíferos. Castle tinha laboratórios dedicados aos coelhos, camundongos e ratos, mas demonstrava predileção especial pelos porquinhos-da-índia. Estava tão encantado com os animaizinhos que foi até a América do Sul capturar seus parentes selvagens a fim de usá-los em cruzamentos experimentais. Os porquinhos-da-índia estão longe de ser modelos ideais para estudos genéticos e sem dúvida são bem menos adequados que as moscas-das-frutas. Estas podem produzir cinquenta gerações por ano, os porquinhos, duas, talvez três, no máximo. O grupo de Morgan havia identificado mais de mil mutações antes que a equipe de Castle chegasse a dez. Contudo, os porquinhos-da-índia apresentam algumas vantagens em relação às moscas-das-frutas, e ao menos suas mutações são mais fáceis de identificar, como as alterações nas características da pelagem, especialmente fáceis de se ver.

Castle, à semelhança de Morgan, dava ampla liberdade à equipe que coordenava. O cientista conferia grande autonomia aos alunos na seleção dos projetos. Ainda que seu laboratório não estivesse repleto de futuros luminares, lá se formaram vários futuros membros da Academia Nacional de Ciências, entre os quais um estudante muito especial chamado Sewall Wright, cujas contribuições para a genética tiveram magnitude insuperável.[2] Wright não apenas ampliou muito o escopo da genética clássica no que se refere à hereditariedade; ele também se dedicou a pensar sobre o gene como elemento fisiológico e sobre como ele influencia o desenvolvimento de um traço como a cor do pelo. Por essa razão, o pesquisador pode ser considerado um dos pais da genética do desenvolvimento. Mas ele é mais conhecido como um dos fundadores do campo da genética populacional, através do qual exerceu enorme influência sobre a biologia evolutiva. Wright era dotado de um conjunto único de aptidões e interesses que tornaram tudo isso possível.

Wright, que tinha muito de autodidata, vinha de uma tradição biológica diferente da de Morgan e seus alunos: a fisiologia. Uma das consequências dessa formação era sua preocupação em saber como funcionavam os genes na prática, do ponto de vista fisiológico. Claro que, naqueles tempos pré-moleculares, quando o gene físico ainda não havia sido caracterizado, essas inferências eram extremamente indiretas. Não obstante, o cientista demonstrava notável consciência dos mecanismos fisiológicos dos genes que estudava. Além disso, graças a seu interesse no gene fisiológico concreto, em oposição à concepção de Mendel e Morgan dos genes como partículas abstratas da hereditariedade, Wright estava menos inclinado a reduzir dados que parecessem anômalos às limitações do modelo mendeliano.

Em muitos cruzamentos experimentais realizados naquele período, havia desde ligeiras diferenças até discrepâncias consideráveis entre os resultados e o que seria de esperar considerando as leis de Mendel. Os desvios maiores eram levados a sério, mas os menores costumavam ser atribuídos à margem de erro. Wright, porém, preferiu enfatizar essas variações residuais, em vez de ignorá-las. Essa tática acabou fazendo com que sua visão dos genes e de sua ação divergisse substancialmente da tendência dominante na genética clássica. Sua maneira de ver a herança genética, em especial, tendia a ser mais complexa que as concepções mais usuais na época. Em primeiro lugar, Wright se convenceu de que a herança de traços como a cor da pelagem envolvia mais loci e alelos do que acreditava a maioria dos geneticistas. Em segundo lugar, ele ressaltava o fato de que alelos situados em loci diferentes podem estabelecer interações complexas que não podem ser avaliadas a partir de seus efeitos particulares, num fenômeno conhecido como *epistasia*.

Embora hoje seja amplamente aceita, essa visão não foi de modo algum bem-recebida por seus contemporâneos. Mas Wright tinha outras ideias que também estavam à frente de seu tempo. Por exemplo, ele estava muito mais aberto à possibilidade de que o ambiente contribuísse para a cor da pelagem e para outros traços "geneticamente determinados", além de ser um dos pioneiros nos estudos acerca da interação entre genes e ambiente. Isso também provinha, em última instância, de seu envolvimento com a concepção fisiológica ou desenvolvimentista dos genes e seu funcionamento. Por ver os genes como entidades fisiológicas, Wright tinha mais facilidade para enxergar que os efeitos de um dado gene podem depender de fatores ambientais que também influenciam os mesmos processos fisiológicos.

Mas a maior heresia de Wright talvez estivesse na importância por ele atribuída a eventos aleatórios na regulação dos efeitos dos genes e do desenvolvimento. Wright enxergava aleatoriedade em todos os processos biológicos, do nível bioquímico ao de um porquinho-da-índia tomado como um todo, ou, indo ainda mais além, em populações inteiras de porquinhos-da-índia.

A genética (fisiológica) um tanto quanto iconoclasta de Wright foi sempre eclipsada pela escola clássica, que nasceu com Morgan e chegou até Watson e Crick. Mas foi a abordagem de Wright, e não a de Morgan, que forneceu as bases para a epigenética. O estudo da herança epigenética, tema deste capítulo, sem dúvida deve muito mais a Wright do que a Morgan.

O gene agouti

Quando Wright começou suas pesquisas com os porquinhos-da-índia, já eram conhecidos vários genes que influenciavam a coloração da pelagem. No início da carreira, o geneticista se dedicava especialmente à tentativa de compreender como a interação desses genes produzia os diversos padrões de coloração obtidos pelos criadores. Havia também algumas cores adicionais criadas pelo próprio Castle por meio de cruzamentos híbridos entre animais domesticados e seus ancestrais selvagens. Wright partiu do pressuposto mendeliano de que cada gene relativo à cor (locus) atuava independentemente dos outros, e que existiam dois alelos variantes para cada locus: o alelo do tipo selvagem e um alelo mutante tornado mais comum graças aos cruzamentos seletivos promovidos pelos criadores. Ele supunha ainda, como Morgan, que os alelos do tipo selvagem eram dominantes e os novos alelos mutantes, recessivos. Na maior parte dos casos, esses pressupostos mendelianos eram suficientes, mas havia sempre uma quantidade significativa de variações residuais que Wright não podia explicar pelos padrões tradicionais.

A pesquisa de Wright acerca do locus agouti serve especialmente bem a nossos propósitos aqui.[3] Esse locus recebeu seu nome em referência ao padrão de cores exibido pelas cutias, que são basicamente uma versão de patas compridas dos porquinhos-da-índia. O alelo agouti do tipo selvagem (vamos chamá-lo de *A*) é normalmente associado a um padrão de cores distinto. Todos os fios de pelo começam negros, isto é, têm a ponta negra. À medida que continuam a crescer, porém, variam do amarelado ao vermelho e voltam a ficar pretos na base. Esses pelos em faixas são típicos não só das cutias, mas da maioria dos mamíferos selvagens, e podem ser encontrados nos antepassados dos porquinhos-da-índia. O gene agouti é encontrado em todos os mamíferos, inclusive no homem.

Mais tarde, os criadores selecionaram um alelo mutante, o *a*, que fazia com que a largura da faixa amarela aumentasse em detrimento da preta, dando origem a vários padrões de coloração amarelo-avermelhada. Mas esses dois alelos não podiam ser os únicos responsáveis por todas as variações na cor dos pelos. Wright demonstrou que havia pelo menos mais um fator genético envolvido, um segundo alelo mutante no locus agouti. Contudo, mesmo com esse terceiro alelo continuavam a existir variações inexplicáveis. Ainda que o cientista estivesse inclinado a admitir a possibilidade de que fatores ambientais tornassem as coisas mais complicadas, as limitações da época não lhe permitiam saber como isso se dava. Mas a resposta não o surpreenderia, pois se encaixa muito bem em sua visão de mundo.

Embora Wright tenha continuado a usar os porquinhos-da-índia em seus estudos genéticos, a maior parte das investigações posteriores sobre o locus agouti seria realizada com camundongos. As pesquisas iniciais de Wright sobre esse gene forneceram a base sobre a qual se assentam os estudos posteriores acerca do mesmo locus nos camundongos, incluindo as pesquisas epigenéticas recentes que serão tratadas aqui.

No século XIX, o comércio de camundongos de estimação rivalizava com o de porquinhos-da-índia. Os criadores de camundongos também haviam descoberto mutações recessivas no locus agouti que provocavam o alargamento da faixa amarela, resultando numa coloração amarelada. Mas o número de mutações naquele gene sofreu um aumento considerável a partir do momento em que os cientistas se encarregaram da criação. Além do mais, algumas dessas mutações eram dominantes em relação ao alelo do tipo selvagem, *A*. Uma delas, o *amarelo letal* (A^{L}), geralmente era fatal. Mas havia outras mutações dominantes que não eram mortais. Entre elas estava o *amarelo viável* (A^{vy}), assim chamado porque, ao contrário dos camundongos portadores da mutação fatal, os que traziam esse alelo sobreviviam, ainda que com problemas fisiológicos significativos. *Pleiotrópico* é o termo que designa alelos como o A^{vy}, que provocam diversos efeitos fisiológicos.

A *pleiotropia* é um simples reflexo do fato de que os produtos proteicos da maioria dos genes são expressos em mais de um tipo de célula. É normal que um gene esteja envolvido em mais de um processo fisiológico ou de desenvolvimento. Nesse caso, o processo de desenvolvimento mais evidente – aos olhos humanos – de que o gene agouti participa é aquele que determina a cor dos pelos. A proteína agouti afeta a coloração da pelagem porque interfere na ligação do hormônio que promove a produção da melanina (associada à pigmentação negra) em seus receptores.[4] Mas a melanina é produzida em muitos tipos de célula, além dos folículos capilares, e a proteína agouti afeta a síntese do pigmento em todos eles, inclusive naqueles encontrados no fígado, nos rins, nas gônadas e na gordura.[5] O resultado de toda essa interferência é fatal para os camundongos A^L (*amarelo letal*) e compromete gravemente a saúde dos portadores do gene A^{vy}. Entre as consequências adversas dessa mutação para a saúde estão a obesidade, o diabetes e vários tipos de câncer.[6]

Ao contrário dos animais A^L, que são sempre amarelos, a cor da pelagem dos A^{vy} é bastante variável, indo de um amarelo quase puro a uma coloração do tipo selvagem, chamada pseudoagouti. Podemos prever a saúde de um camundongo *amarelo viável* por sua cor. Aqueles de pelagem amarela são obesos diabéticos e cancerosos, enquanto os pseudoagouti não exibem nenhum desses problemas.[7]

Como explicar a coloração variável e os problemas de saúde associados a essa variação nos roedores *amarelo viável*? Uma explicação, coerente com a abordagem de Wright, leva em conta o chamado *background genético*. Para ele, mas não para a maioria de seus contemporâneos, o efeito de um gene (alelo) como o *amarelo viável* sobre um traço como a cor da pelagem depende de muitos outros fatores. Entre eles estão outros genes. Ou seja, o efeito do alelo *amarelo viável* sobre a coloração depende em parte de que outros alelos estejam presentes em outros loci genéticos. Nem todos os loci estão envolvidos, claro, mas o número de loci é bem maior do que a maioria dos contemporâneos de Wright estaria disposta a admitir.

Mas os efeitos do alelo *amarelo viável* sobre a coloração e a saúde variam mesmo quando o background genético permanece constante, isto é, mesmo camundongos geneticamente idênticos portadores desse alelo diferem bastante quanto à cor dos pelos e à saúde. Em uma mesma ninhada de animais *amarelo viável* geneticamente idênticos podemos encontrar toda a gama de padrões de pelagem, do amarelo ao pintado e ao pseudoagouti, e, com eles, as correspondentes variações na saúde.[8]

A epigenética no locus agouti

As variações de cor nesses roedores estão, na verdade, associadas a diferenças no estado epigenético do alelo *amarelo viável*. Nos camundongos amarelos, não ocorre metilação do gene; já nos pseudoagouti, este se encontra altamente metilado. O pelo pintado corresponde a um grau intermediário de metilação.[9]

No entanto, por que alguns desses indivíduos geneticamente idênticos têm os alelos *amarelo viável* metilados e os outros não? Isso depende, em parte, da cor e, portanto, do estado epigenético da mãe. Fêmeas amarelas tendem a gerar filhotes amarelos e nunca geram filhotes com o fenótipo pseudoagouti. Fêmeas pseudoagouti geram menos crias amarelas e mais crias pseudoagouti.[10] Além disso, a coloração da avó também influencia a pelagem dos netos.[11] Não há nenhuma relação entre a cor do pai e a dos filhotes.

Isso pode soar familiar, como os efeitos maternos transgeracionais sobre a reação ao estresse debatidos no capítulo anterior. Porém, embora seja certo que esses curiosos padrões hereditários de cor do pelo constituem um efeito materno, este se manifesta num estágio muito mais inicial do desenvolvimento. Quando os óvulos fecundados de mães amarelas foram transplantados para mães negras, os filhotes conservaram a tendência a nascer amarelos.[12] Portanto, não se trata aqui de um efeito do ambiente intrauterino. Em vez disso, uma ligação epigenética no alelo A^{vy}, capaz de alterar a coloração em camundongos que em tudo o mais são geneticamente idênticos, foi transmitida da mãe ao filhote. Esse é um autêntico caso de herança epigenética.

Mas, então, qual a origem dessa variação epigenética? Considerando o que vimos nos capítulos anteriores, poderíamos supor que se trata de algum tipo de efeito ambiental. Nesse caso, parece que a alimentação desempenha algum papel. Quando fêmeas *amarelo viável* grávidas recebem alimentos ricos em doadores de metila, como o ácido fólico, o espectro das colorações se desloca em direção ao extremo do pseudoaguti.[13] E mais: quando os indivíduos afetados pela suplementação metílica intrauterina se tornam mães, a alteração no espectro de cores se conserva nas crias.[14] A transmissão da mudança induzida pelos alimentos aos netos ocorria mesmo quando as mães da segunda geração não recebiam nenhum suplemento metílico.

A mudança no espectro de cores provocada pelos alimentos metilados era bem discreta. A maioria das diferenças epigenéticas e, portanto, das diferenças de cor entre camundongos *amarelo viável* geneticamente idênticos precisa ser explicada por outros fatores. Uma das fontes dessa variação vem recebendo cada vez mais atenção: o acaso. Boa parte do que faz com que um indivíduo portador desse alelo seja amarelo ou pseudoagouti – com todas as implicações para a saúde – pode se reduzir basicamente a processos moleculares aleatórios que afetam a metilação do gene.[15] Assim, trata-se, em suma, de um caso de evento epigenético parcialmente aleatório que pode ser herdado. Isso parece muito uma mutação.

Por que a herança epigenética não deveria ocorrer

Durante anos acreditou-se que uma verdadeira herança epigenética era impossível. Pensava-se que, na produção dos óvulos e espermatozoides, todas as marcas epigenéticas eram removidas por meio de um processo chamado *reprogramação epigenética*.[16] Qualquer ligação epigenética que houvesse sobrevivido seria removida numa nova rodada de reprogramação logo após a fecundação. Assim, cada nova geração nasceria com uma folha epigenética em branco. Recentemente, porém, foi demonstrado que a reprogramação não apaga todas as marcas epigenéticas. Algumas das alterações, incluindo as induzidas por fatores ambientais, não são apagadas e se transmitem à geração seguinte.

O locus agouti é um dos casos mais bem-documentados de herança epigenética em camundongos, mas há uma série de outros exemplos conhecidos nesses animais. Um deles envolve o gene *Axin*, que, quando metilado, resulta num rabo retorcido.[17] O padrão de metilação, e, portanto, a correspondente conformação da cauda, pode ser herdado tanto da mãe quanto do pai. Uma série de genes relacionados ao olfato e em especial à detecção de feromônios também parece ser mais um exemplo.[18] No homem, pode haver herança epigenética num locus responsável por determinado tipo de câncer do cólon.[19] Como faz muito pouco tempo desde que os casos de herança anômala (pelos padrões mendelianos) passaram a ser analisados sob um enfoque epigenético, podemos esperar, para um futuro próximo, a descoberta de novos exemplos no homem e em outros mamíferos.

Mas há razões para suspeitar que a herança epigenética seja menos comum nos mamíferos do que em outras formas de vida.[20] Bons exemplos de herança epigenética foram identificados em criaturas tão diversas quanto as moscas-das-frutas e as leveduras.[21] É, porém, nos vegetais que ocorrem alguns dos exemplos mais expressivos.[22]

Como modelo experimental, o equivalente vegetal do camundongo é um inexpressivo membro da família da mostarda conhecido apenas por seu nome científico, a *Arabidopsis thaliana*. Na natureza, a *Arabidopsis* floresce em diversos hábitats distribuídos pela Eurásia. Ela também se adapta muito bem em ambiente de laboratório. A espécie varia muito quanto ao tamanho e à época de florescimento, entre outros traços. Essas duas características são herdadas epigeneticamente. Tratemos primeiro de um fator epigenético que afeta o tamanho da planta.

Em muitos organismos, mas especificamente nos vegetais, há sempre um conflito entre crescimento e proteção contra infecções e patógenos. Quanto mais recursos dedicados à defesa contra agentes nocivos, mais lento o desenvolvimento. Assim, plantas que se encontram em ambientes com grande presença de patógenos tendem ao nanismo. Na *A. thaliana*, a capacidade de resistir às agressões é mediada por uma série de genes de resistência (*R*). Há um conjunto específico, situado no cromossomo 4, que está sujeito à regulação epigenética. Uma variante epigenética denominada *bal* faz com que um dos genes do conjunto esteja permanentemente ativado. O gene se comporta como se o vegetal estivesse sob ataque mesmo quando não está. Plantas portadoras dessa variante têm aparência mirrada e irregular, folhas murchas e raízes subdesenvolvidas. Mas plantas geneticamente idênticas desprovidas desse fator epigenético se mostram robustas mesmo quando crescem em ambiente idêntico.[23] Antes do advento da epigenética, a planta anã seria considerada mutante, deveria ter sofrido alguma mudança na sequência do gene *R*. Hoje sabemos que mesmo diferenças tão radicais entre indivíduos da mesma espécie podem ser causadas por variações na regulação epigenética da expressão gênica.

O florescimento da *A. thaliana* também é epigeneticamente regulado. Em 1990, foi identificada, em algumas populações selvagens de *Arabidopsis*, uma mutação que causava atraso no processo.[24] Com a mutação, batizada de *fwa*, plantas que normalmente floresceriam na primavera passavam a florescer no verão ou no outono. Diversos testes genéticos indicavam que o *fwa* era um traço dominante mendeliano clássico, como os olhos castanhos nos seres humanos. Mais tarde, a mudança foi atribuída a um único gene que codificava um fator de transcrição. Mas os cientistas ficaram intrigados por não conseguir encontrar nenhuma diferença entre as sequências do mutante *fwa* e do alelo normal *FWA*. Por fim, descobriu-se que não havia mutação alguma, mas uma *epimutação*, um padrão de metilação alterado. E o fenômeno vem se mostrando estável, sendo herdado, como um traço mendeliano, ao longo de muitos anos.[25]

Efeitos genéticos transgeracionais

A herança epigenética do tipo encontrado no locus agouti e na *A. thaliana* é apenas uma das formas daquilo que chamo de "efeito genético transgeracional", ou seja, um efeito epigenético transmitido dos pais aos filhos e mais além.[26] Essa categoria ampla inclui a herança social da reação ao estresse em camundongos e outras formas de hereditariedade não genética que apresentam um componente epigenético. Para qualificar-se como herança epigenética em sentido estrito, porém, a ligação ou marca epigenética deve resistir intacta ao processo de reprogramação. No caso da reação ao estresse dos ratos privados de lambidas, as marcas são reconstruídas a cada geração; as alterações originais não sobrevivem à reprogramação. É provável que isso valha para a maioria dos efeitos epigenéticos transgeracionais resultantes do ambiente materno ou social, incluindo as consequências da fome holandesa apresentadas no Capítulo 1. Não há provas irrefutáveis de que o efeito das avós ali descrito seja um exemplo verdadeiro de herança epigenética. Todavia, há outro estudo sobre os efeitos da alimentação em seres humanos nos quais os indícios de uma verdadeira herança epigenética são muito mais sólidos.

Há uma população sueca isolada cujo histórico de centenas de anos de registros muito precisos de safras e colheitas permite aos cientistas calcular a média de calorias consumidas em dado ano. Um resultado notável desse estudo foi uma associação entre o consumo calórico dos homens durante a adolescência e a saúde de seus netos. Os netos paternos (mas não os maternos) de homens expostos à escassez antes da adolescência eram menos suscetíveis a doenças cardiovasculares que aqueles cujos avôs não passaram fome.[27] Ao contrário dos efeitos epigenéticos da fome holandesa sobre o peso dos neonatos, essa associação não pode ser atribuída ao ambiente materno. O único elemento biológico com que um homem contribui para seus descendentes é o espermatozoide. De modo que esse parece ser um caso de mudanças epigenéticas induzidas pelo ambiente qualificáveis como herança epigenética.

Deve-se observar que a herança epigenética no locus agouti não é nem muito precisa nem muito eficiente. A correlação entre pais e filhotes, ainda que significante, não é alta. Trata-se de um efeito muito mais fraco que o observado na reação ao estresse em ratos, que não resulta de uma verdadeira herança epigenética.

Com as plantas é diferente. A verdadeira herança epigenética é muito mais comum nas plantas do que nos animais, podendo ser estável por centenas de gerações – em alguns casos, tão estável quanto a herança genética. A razão para isso é que, nas plantas, a reprogramação epigenética é muito menos generalizada e minuciosa. Assim, muito mais marcas epigenéticas passam ilesas pelo processo.

O legado de Wright

O trabalho de Wright acerca da transmissão hereditária da coloração nos porquinhos-da-índia, que continuou por toda a longa vida do cientista, demonstra tanto a sutileza de suas observações quanto uma visão teórica influenciada, mas não limitada, pela doutrina oficial. Wright via a genética sob um ângulo bem diferente do adotado pela maioria de seus contemporâneos, pois, para ele, o gene era sobretudo um fator fisiológico e de desenvolvimento. A maior parte dos geneticistas da época, incluindo Morgan e sua equipe, preferia ver o gene como um elemento hereditário abstrato. Os benefícios da perspectiva tradicional eram imediatos, enquanto os frutos da visão de Wright ainda demorariam algumas décadas para ser notados. Mas foi essa concepção, e não a de Morgan, que estabeleceu as bases para a genética do desenvolvimento e seu desdobramento, a epigenética.

De modo mais específico, as pesquisas de Wright sobre o locus agouti serviram de base para as investigações posteriores acerca de seu papel no desenvolvimento, que implicam desde a cor do cabelo à obesidade. Por fim, os estudos ainda em andamento sobre o locus agouti resultaram na descoberta do primeiro caso autêntico e bem-documentado de herança epigenética em mamíferos.

Como já foi mencionado, a herança genética em sentido estrito é apenas uma das formas de efeito epigenético transgeracional, um fenômeno mais amplo, do qual já exploramos algumas formas, como a transmissão social da reação ao estresse em ratos. No Capítulo 9 trataremos de outro tipo bastante peculiar de efeito epigenético transgeracional. Antes, porém, seria útil obter algumas informações de contexto, que nos serão fornecidas pelo misterioso cromossomo X.

8. O X da questão

Quando eu era criança, sempre preferia brincadeiras que envolvessem atividade física a jogos de tabuleiro, em parte porque esses jogos me entediavam, em parte porque minha irmã jogava muito melhor do que eu. As partidas de Banco Imobiliário eram especialmente desagradáveis por ambos os motivos. Mas aos oito anos uma perna quebrada impôs severas limitações às minhas atividades físicas. Ainda desinteressado pelos jogos de tabuleiro, passei a me dedicar ao Caroms, jogo parecido com o bilhar, disputado sobre uma pequena superfície quadrada de madeira com bordas do mesmo material e caçapas nas quatro quinas. Os tacos mediam por volta de 45 centímetros. O objetivo era encaçapar as bolas, que vinham em duas cores: vermelhas e verdes. O jogador devia encaçapar as peças vermelhas ou as verdes, conforme o caso. O vencedor seria aquele que encaçapasse todas primeiro.

Do meu ponto de vista, o Caroms tinha pelo menos duas virtudes: exigia alguma habilidade física e minha irmã não tinha a menor chance contra mim. Na verdade, era difícil alguém me vencer. Meus amigos geralmente representavam um desafio maior que ela, que, de todo modo, logo criou ojeriza ao jogo. Um de meus amigos, porém, era ainda pior que minha irmã, por motivos que de início me escapavam. Não era, sem dúvida, por falta de coordenação visual e motora. Quanto a isso, Steve se saía bem. O problema era que ele não fazia muita distinção quanto às peças a encaçapar. No começo atribuí o fato ao tédio, afinal, meu amigo era ainda mais ativo fisicamente do que eu. Achava que ele só queria acabar logo com o jogo. Mas meu adversário parecia se divertir de verdade, e quando eu mostrava que a peça que ele acabara de encaçapar era minha apenas sorria. Aquele sorriso me desconcertava, pois Steve era bem menos ingênuo que eu; ele havia me contado que Papai Noel não existia e que a Fada do Dente, na verdade, era a minha mãe. Assim, no início eu desconfiei que ele tivesse um motivo para "perder" inacessível aos não iniciados. Isso tirava qualquer prazer que eu pudesse ter com a vitória. No final, minha frustração era tanta que, sempre que ele estava obviamente mirando uma peça minha, eu lhe chamava a atenção para o fato. Steve se limitava a sorrir e prosseguia com a jogada.

A certa altura, envolvi minha mãe no assunto a fim de desvendar o que parecia um capricho de Steve. Ela não demorou muito para descobrir que ele era daltônico. Meu amigo encaçapava as bolas vermelhas e as verdes porque não via nenhuma diferença. Ele até tinha algum nível de consciência disso, mas era orgulhoso demais para admiti-lo, o que explica seu sorriso desconcertante. O daltonismo de Steve não abalou tanto minha visão de mundo quanto a inexistência de Papai Noel, mas inspirou algumas reflexões filosóficas em minha mente juvenil. Como seria o mundo aos olhos de Steve? As flores? As árvores? Os sinais de trânsito? Especialmente os sinais de trânsito. Como ele saberia a hora de atravessar a rua se estivesse sozinho? O daltonismo me fascinava.

Ao longo dos anos, eu me vejo voltando de tempos em tempos ao tema do daltonismo. O retorno mais recente se deve a uma conexão epigenética, que é o assunto deste capítulo.

Por que os homens são o verdadeiro sexo frágil

Vamos começar pelo fato de que a incapacidade de distinguir entre o vermelho e o verde demonstrada por Steve é muito mais comum em meninos do que em meninas. Nisso o daltonismo se assemelha a uma série de outros problemas de desenvolvimento, da dislexia a certas doenças cardíacas. Dizem que tais problemas são heranças ligadas ao sexo da pessoa. A correlação com o gênero ocorre quando o gene afetado reside nos cromossomos sexuais, quase sempre no cromossomo X. O X é o maior e mais rico em genes dos nossos cromossomos, de modo que muitos de nossos traços apresentam algum grau de ligação com o gênero – ou, mais precisamente, com o cromossomo X. Já o cromossomo Y não passa de uma coisinha minúscula.

As mutações ligadas ao gênero seguem um padrão característico de transmissão hereditária. Isso vale principalmente no caso das mutações recessivas, isto é, aquelas que precisam estar presentes em ambos os cromossomos, o herdado da mãe e o herdado do pai, para exercer algum efeito.[1] Esse padrão se aplica, em graus variáveis, a genes encontrados em todos os outros cromossomos, que recebem a denominação comum de *autossomos*, mas não aos cromossomos do sexo – pelo menos não nos seres humanos. As mulheres são agraciadas com dois cromossomos X, um de cada um dos pais. Os homens, por outro lado, herdam apenas um cromossomo X – recebido da mãe –, além do minúsculo cromossomo Y do pai. Assim, no sexo masculino, qualquer mutação recessiva no cromossomo X materno funciona na prática como dominante e causa problemas. Portanto, essas mutações recessivas afetam muito mais homens que mulheres. A deficiência masculina no que diz respeito ao cromossomo X decerto é uma das razões pelas quais, em qualquer fase da vida ou estágio do desenvolvimento, desde antes do nascimento até a senilidade, o índice de mortalidade é maior para os homens do que para as mulheres.[2]

Entre os muitos genes do cromossomo X há dois que especificam a síntese de opsinas, as proteínas sensíveis às cores encontradas nas células chamadas cones, nossos detectores cromáticos situados na retina. Há um terceiro gene para opsinas, mas este reside no cromossomo 7, não no X.[3] Como em cada célula é expressado um único gene para opsinas, existem três tipos distintos de cones: vermelho, verde e azul. Os genes das opsinas vermelha e verde se localizam no cromossomo X, o da azul, no 7. Quando herdada por um homem, como no caso de Steve, a mutação recessiva no gene da opsina vermelha ou verde resulta em cones vermelhos ou verdes defeituosos e, portanto, na incapacidade de enxergar essas cores. No entanto, mesmo que houvesse herdado da mãe a mesma mutação, a irmã de Steve não seria daltônica, a menos que o pai também lhe transmitisse um cromossomo X com o gene mutante, o que só seria possível se ele próprio fosse daltônico.

Pelo menos é assim que os manuais explicam os traços ligados ao gênero, e foi assim que aprendi em meu curso de introdução à genética. Mas essa diferença sexual não pode ser tão simples, quanto mais não seja por um fato surpreendente:

algumas portadoras dessa mutação têm uma visão melhorada das cores.[4] Essas mutantes enxergam distinções cromáticas que nenhum homem normal enxergaria. Vamos chamá-las de mulheres super X.

Neste capítulo, veremos o que está por trás do fenômeno das mulheres super X. Para isso, teremos de explorar um novo mecanismo epigenético que envolve um alto grau de aleatoriedade. É bem apropriado que estudemos o cromossomo X, afinal, a exploração de seus mistérios contribuiu muito para assentar os alicerces da ciência epigenética.[5]

Uma questão de dose

Por maior que seja a desvantagem masculina no que se refere ao cromossomo X, a situação seria ainda pior se não fosse um processo chamado compensação de dose, que ajuda a amenizar o desequilíbrio fisiológico. Sem esse mecanismo compensatório, a quantidade de cada proteína derivada do cromossomo X seria duas vezes maior nas mulheres. Se fosse assim, a divergência entre as características masculinas e femininas ultrapassaria até a capacidade de imaginação dos psicólogos evolucionistas mais empedernidos. E os homens, comparados com as mulheres, seriam fragilíssimos (pense naquelas espécies de peixes abissais nas quais os machos minúsculos se ligam à primeira fêmea gigante que aparece para então degenerar, transformando-se em parasitas fornecedores de esperma, pouco mais do que um testículo ou uma verruga no corpo da hospedeira).

A solução evolutiva para esse problema de dose está na chamada inativação do X,[6] na qual um dos dois cromossomos X de cada célula feminina é desativado. Graças a esse fenômeno, tanto homens quanto mulheres têm apenas um cromossomo X funcional por célula. Mas se ambos os sexos contam com um único X funcional, por que os homens têm muito mais problemas relacionados a esse cromossomo que as mulheres? Acontece que, embora o segundo cromossomo X das mulheres seja quase um peso morto, elas ainda extraem muitos de seus benefícios.

Isso se explica, em parte, pelo fato de que nem todos os genes do cromossomo inativado deixam de funcionar. Nos seres humanos, de 15% a 25% desses genes escapam à inativação.[7] Muitos dos genes não desativados são *genes de manutenção*, que participam de processos celulares básicos necessários a todas as células, estejam estas na pele, no cérebro ou na retina.

Há ainda outra razão pela qual as mulheres colhem muitos dos benefícios de possuir dois cromossomos X, ainda que um deles esteja em grande medida desativado. Na maioria dos mamíferos, a inativação afeta aleatoriamente o cromossomo paterno ou materno, sendo que a inativação aleatória de cada linhagem de células se dá de maneira independente. Isso significa que, de uma dada população celular – digamos, os cones vermelhos –, metade terá o X paterno desativado e metade o X materno. As mulheres são essencialmente mosaicos de cromossomos X. Se uma mulher herdar uma mutação recessiva no gene da opsina vermelha, seja do pai ou da mãe, apenas a metade de seus cones será afetada. Já num homem, a mesma mutação afetaria todos os cones vermelhos. Quem conta com metade das células normais não é daltônico pelos critérios dos testes-padrão, mas, como veremos, pode haver deficiências sutis na percepção cromática dessas mulheres.

Nos mamíferos marsupiais (cangurus, coalas e gambás, por exemplo), a inativação não é aleatória. Ao contrário, o X desativado é sempre o paterno.[8] Portanto, todo canguru depende do funcionamento do cromossomo materno, e, nesse aspecto, machos e fêmeas são fisicamente equivalentes.

A epigenética da inativação do cromossomo X

A inativação do cromossomo X tem início no chamado centro de inativação do X (Xic). Entre os vários elementos genéticos situados no Xic, existe um cuja importância para o processo é fundamental: o transcrito específico do X inativo (Xist). Às vezes, fragmentos de um cromossomo se soltam e vão parar em outro cromossomo, num processo denominado *translocação*. Quando a porção do cromossomo onde reside o Xist é translocada para um dos autossomos, o X não pode mais ser inativado. Em vez disso, é o autossomo receptor que sofre uma inativação (parcial).[9] Portanto, o Xist é indispensável para a inativação do X.

O Xist não é exatamente um gene no sentido tradicional do termo. Os genes, como você deve estar lembrado, funcionam como modelos indiretos para as proteínas. Mas o Xist não tem correspondência com nenhuma proteína, correspondendo apenas ao RNA. É por isso que o chamamos de transcrito específico do X inativo, e não de proteína específica do X inativo (ou Xisp). O RNA correspondente ao Xist é bem longo e se liga ao cromossomo do qual se origina. À medida que são produzidas mais cópias do RNA do Xist, o cromossomo X vai sendo coberto por esse material. Esse é o primeiro estágio da inativação. Em seguida, o RNA atrai histonas (veja o Capítulo 5), que encobrem ainda mais o X inativo, além de fatores de metilação. Por fim, chega a hora do grande aperto, quando o cromossomo inativado é compactado como um carro no ferro-velho. Ao microscópio, a forma compacta do X se apresenta como uma pequena estrutura globular, o chamado corpúsculo de Barr, que não parece em nada com um cromossomo ativo.

Afirmei, antes, que a inativação do X é aleatória. Isso não é uma verdade completa por dois motivos. O primeiro tem a ver com a definição do momento em que se dá o processo. Não sabemos com precisão em que ponto do desenvolvimento ocorre a inativação, mas esta acontece muito antes do nascimento. Há muitas divisões celulares posteriores, e cada linhagem celular conserva o padrão de inativação da célula com o X inativado que lhe deu origem. Assim, seria mais correto dizer que o fenômeno é aleatório em relação às linhagens celulares, a uma determinada população de células capilares ou cones, por exemplo. Isso é mais fácil de perceber em certos padrões de coloração encontrados no pelo de alguns mamíferos, como os gatos. As pelagens tricolores (das raças cálico e tartaruga) servem muito bem para isso, já que esses padrões estão relacionados ao cromossomo X e são exclusivos das fêmeas. A distribuição de áreas claras, escuras e cor de laranja numa gata cálico revela com riqueza de detalhes a inativação aleatória do X nas linhagens de células capilares. É irônico, portanto, que o primeiro gato clonado tenha sido uma fêmea tricolor. O dono do animal queria recriar sua amada Rainbow (Arco-íris). O procedimento deu certo, mas a clone, batizada Cc (cópia carbono), não era nem de longe idêntica à original.[10] Ela desenvolveu uma distribuição de cores completamente diferente, o que, dada a aleatoriedade da inativação do X, já se deveria esperar. A personalidade de Cc também não era nada parecida com a de Rainbow, mas essa é outra história.

A inativação do X também não é aleatória no que diz respeito aos tecidos maternos que sustentam o feto. Nesse caso, somente o cromossomo paterno é inativado, tal como ocorre nos cangurus e em outros marsupiais.[11] A inativação seletiva dos cromossomos X de determinado sexo é uma forma de imprinting, fenômeno de que tratarei no próximo capítulo. Por ora, basta atentar para o fato de que, nos cangurus, o imprinting do X é generalizado, estendendo-se à maioria das células, enquanto nos seres humanos e nos gatos o fenômeno se restringe às células da placenta e a alguns outros tecidos extraembrionários.

A forma de inativação observada nos marsupiais é considerada a condição primitiva dos mamíferos. A aleatoriedade que encontramos no gato, no homem e em outros integrantes de linhagens mais modernas da classe Mammalia resulta de uma evolução divergente da dos marsupiais. O advento do Xist foi o marco dessa divergência. Os marsupiais carecem desse transcrito, portanto, estão privados dos benefícios da inativação aleatória. De fato, o RNA do Xist pode ser o elemento mais importante na diferenciação entre os marsupiais e os mamíferos mais "avançados", como nós.[12]

A inativação do X e os cones

Cc, a gata clone tricolor, atesta o fato de que, pela inativação aleatória do X, é esperável que os resultados da clonagem de fêmeas sejam mais variáveis que o da clonagem de machos para qualquer traço associado a esse cromossomo.[13] A maior variabilidade feminina deve se estender também ao caso de irmãos não gêmeos. Parece que esse é o caso da visão cromática. Dentro dos limites da normalidade, isto é, excluindo-se os daltônicos como Steve, as diferenças em testes de discriminação cromática são maiores entre as mulheres que entre os homens.[14]

No extremo inferior da faixa da normalidade visual, algumas portadoras da mutação vermelho-verde são menos sensíveis à diferença entre essas cores que as não portadoras ou os homens não daltônicos.[15] Isso pode ser atribuído ao fato de que elas têm menos cones normais. Por outro lado, algumas mulheres são capazes de distinções mais sutis entre o vermelho e o verde que os homens normais. Paradoxalmente, essas mulheres ultrassensíveis também podem trazer mutações que, no sexo masculino, levariam ao daltonismo. São essas as mulheres a que me refiro como super X. Como explicar esse mistério?

Vamos começar por um exame mais atento dos cones normais. Os três tipos de cone se distinguem pelo comprimento de onda luminosa ao qual são mais sensíveis; este, por sua vez, depende do tipo de opsina expressa pela célula.[16] Os cones vermelhos são sensíveis a ondas mais longas, os verdes a comprimentos intermediários, e os azuis a ondas mais curtas. A percepção cromática acontece quando o cérebro integra as informações provenientes dos três tipos de célula. Vamos nos ater à faixa do espectro que vai do vermelho ao verde (comprimentos longos a intermediários). Normalmente, as opsinas vermelhas e verdes têm seus pontos de sensibilidade máxima em comprimentos de onda diferentes. Assim, o cérebro recebe dados distintos de uma e de outra. A incapacidade de distinguir as duas cores ocorre quando os pontos de sensibilidade máxima convergem graças a uma mutação na opsina verde ou na vermelha. Em suma, os cones dessas duas cores ficam mais parecidos no que diz respeito ao comprimento de onda luminosa que as faz enviar sinais ao cérebro. Desse modo, fica mais difícil distinguir o vermelho do verde. Era esse o problema de Steve.

São duas as razões pelas quais é tão comum que o daltonismo envolva o vermelho e o verde. Em primeiro lugar, mesmo nos indivíduos normais, a diferença entre os pontos de maior

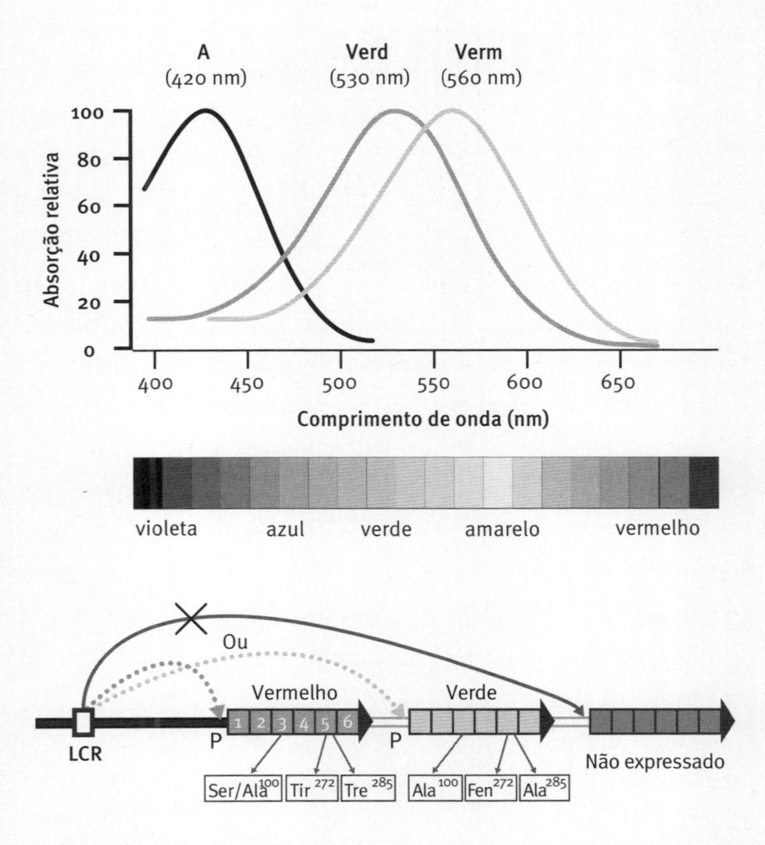

FIGURA 5. Picos de sensibilidade dos cones vermelhos, verdes e azuis.

sensibilidade dos cones vermelhos e verdes não é muito grande. Já nos cones azuis, esse ponto é muito diferente do dos verdes e, claro, ainda mais do dos vermelhos. Em segundo lugar, os genes que codificam as opsinas verdes e vermelhas estão dispostos um ao lado do outro no cromossomo X. Genes adjacentes têm maior chance de trocar fragmentos quando são copiados durante a produção dos óvulos e espermatozoides. Nesse caso, é frequente que o intercâmbio de material genético resulte em opsinas verdes e vermelhas mais parecidas do que deveriam.

Mas vejamos o que acontece quando uma mulher sofre mutação semelhante. Além de estar, em larga medida, protegida da deficiência pela inativação aleatória do X, ela pode acabar com quatro, em vez dos costumeiros três tipos de cone. Os cones azuis continuam, claro, inalterados. Os vermelhos e verdes, ainda que seu número esteja reduzido à metade, são normais. Há, porém, outras células com a opsina híbrida fruto da mutação. Se o ponto de sensibilidade máxima da opsina mutante estiver mais ou menos a meio caminho entre os dois cones normais vermelhos e verdes, essa mulher será teoricamente capaz de fazer distinções mais sutis na região do espectro compreendida entre essas duas cores, e talvez mesmo entre o verde e o azul. Isso é confirmado por alguns experimentos de discriminação cromática realizados entre mulheres portadoras dessa mutação.[17] É assim que surgem as mulheres super X.

O fenômeno das super X tem um precedente em outros primatas. Incluída na classe dos mamíferos, a ordem dos primatas tem dois ramos principais: macacos do Velho Mundo e macacos do Novo Mundo. Ao primeiro pertencem espécies africanas e asiáticas, como os babuínos, o *Rhesus*, o langur, os hominídeos e o homem (nossa origem é africana); ao segundo pertencem o macaco-aranha, o bugio e o macaco-prego. A percepção das cores nos primatas do Velho Mundo, entre os quais nos incluímos, é tricromática (termo grego que se traduz por "em três cores").[18] Nós enxergamos mais de três cores, claro, mas todos os tons que percebemos são formados pela combinação de nossos três tipos de cone. Já os macacos do Novo Mundo têm apenas dois tipos de cone, sendo, portanto, dicromáticos.[19] Assim, os primatas do continente americano são menos capazes de distinguir as cores que nós, primatas da África e da Ásia. Mas existe uma mutação ligada ao X que é frequente nas espécies do Novo Mundo que, embora prejudique a visão dos machos, proporciona às fêmeas três tipos funcionais de cone, tornando-as tricromáticas.[20] A visão aprimorada dessas macacas também depende da inativação aleatória do X. Numa fêmea de canguru, mutação semelhante seria prejudicial.

Uma dádiva epigenética

O daltonismo é apenas uma das formas de sofrimento desproporcional a que os homens estão sujeitos pela falta de um segundo cromossomo X. A dose de compensação da inativação do X, quando depende do acaso, como nos seres humanos, não chega a ser perfeita. A inativação aleatória do X é uma dádiva para o sexo feminino e um enorme avanço em relação à inativação por imprinting observada nos cangurus. A aleatoriedade não se tornou possível pela evolução de um novo gene, mas graças a um novo trecho de DNA não codificante que funciona como modelo para um novo tipo de RNA, chamado Xist, que possibilitou uma nova forma de regulação epigenética do cromossomo X.

A inativação do X mediada pelo Xist é apenas uma das formas de regulação epigenética baseada no RNA. A maior parte dos tipos de regulação gênica dependente do DNA apresenta uma distribuição mais ampla entre vegetais, animais e fungos. Voltarei a esse tema adiante. O próximo capítulo será dedicado ao processo epigenético responsável pela forma de inativação do X encontrada nos marsupiais, pois este também não deixa de ser uma forma de avanço evolutivo. Entre os vertebrados, o fenômeno se restringe, em larga medida, aos mamíferos. Esse processo epigenético, denominado imprinting, não se limita ao cromossomo X, ocorrendo por todo o genoma, ainda que de maneira esporádica. Além disso, o imprinting acontece numa fase ainda mais inicial do desenvolvimento que a inativação do X nas mulheres super X. Na verdade, o processo se dá antes mesmo do encontro entre óvulo e espermatozoide.

9. Cavalos-jumentos

Quando os Estados Unidos foram fundados, não havia nenhum jumento no país, mas eles logo estariam por toda parte. De onde vieram tantos asnos?

Essa história começa com George Washington. Sempre curioso, Washington se mantinha inteirado a respeito do que se passava no resto do mundo, em especial sobre os temas rurais. Em dado momento, ouviu falar nas incríveis façanhas das criaturas conhecidas como mulas e quis trazer algumas da Europa para examiná-las com os próprios olhos. Naquele tempo, o negócio dos muares era quase monopolizado pela Espanha, um legado dos mouros. Na verdade, não havia propriamente um monopólio desses animais; os espanhóis estavam dispostos a dividi-los. A exclusividade se referia aos métodos empregados na sua produção, um procedimento complicado, pois esses quadrúpedes não são produzidos por meios convencionais, isto é, por outras mulas. Eles são fruto do cruzamento não natural entre cavalos e jumentos. Digo que se trata de um evento "não natural" porque não é algo que simplesmente aconteça quando as duas espécies dividem o mesmo pasto; é preciso incentivar os animais, além de encontrar um casal compatível. Para aumentar as chances de sucesso, a intervenção humana deve começar pela busca de um jumento macho e de uma égua, porque a libido de um jumento é maior que a de um garanhão típico; e também porque as éguas são menos criteriosas que as jumentas – embora caiba dizer em sua defesa que em geral as fêmeas são vendadas.

As mulas que resultam dessa falta de critério não são capazes de se perpetuar, já que são estéreis. A esterilidade não impede as tentativas de acasalamento dos mulos, que são tão fogosos quanto seus pais jumentos, mas eles mesmos jamais poderão ser pais. Para gerar mais mulas é preciso repetir os mesmos atos indiscriminados entre animais de espécies diferentes. Portanto, o que Washington queria não era um carregamento de muares, mas um desses jegues libidinosos que lhe permitisse produzir suas próprias mulas. Os jumentos domésticos descendem de um membro da família do cavalo, o asno selvagem. Burro, jegue, asno, jumento, as conotações pejorativas desses termos derivam do fato de que esses equinos, sejam eles machos ou fêmeas, são menos dóceis – embora não menos inteligentes – que os cavalos.

A Espanha conferia a seus jumentos o mesmo tratamento dado pelos chineses aos bichos-da-seda: a exportação era proibida. Em 1785, porém, graças a seu prestígio, Washington conseguiu convencer o rei Carlos III a lhe ceder um de seus jumentos, que recebeu o nome de Royal Gift (presente real) e inaugurou a produção americana de mulas.[1] Sua prole obtida por meios não naturais deu uma contribuição inestimável à colonização do país, em especial na expansão para o Oeste. As mulas eram especialmente valorizadas para transportar cargas e puxar o arado, atividades em que se saíam melhor que os cavalos, por serem mais fortes e terem mais firmeza nas patas. Apesar dessas virtudes, nos Estados Unidos as mulas são mais lembradas pela teimosia e pelo gênio ruim. Para William

Faulkner, "uma mula trabalhará para você por dez anos em troca da chance de lhe dar um único coice".[2] Em outros lugares, porém, os equinos híbridos são conhecidos há muito tempo por sua capacidade física, não pelas falhas de comportamento. Sua fama tem mais de 3 mil anos, época em que foram produzidos pela primeira vez no Oriente Médio, onde havia farto suprimento de jumentos e cavalos.

Os primeiros criadores de mulas às vezes também promoviam cruzamentos entre garanhões e jumentas que resultavam num animal chamado bardoto. Desde aquela época remota já se percebiam diferenças significativas entre mulas e bardotos. As primeiras são maiores e mais fortes que os últimos, além de ter orelhas mais compridas, parecidas com as dos jumentos. De fato, as mulas parecem jumentos maiores que o normal e com pernas mais compridas. Já os bardotos se assemelham aos cavalos e são mais dóceis (na Disneylândia, por exemplo, as carroças são puxadas por bardotos, não por mulas).

A discrepância entre os dois tipos de híbrido é um enigma de três milênios cuja solução ainda é muito recente. Enquanto tentavam solucionar esse problema, os cientistas descobriram mais um efeito epigenético transgeracional, o chamado imprinting.

Da mãe ou do pai? Isso faz toda a diferença

O enigma de bardotos e mulas se reduz a isso: ambos são metade cavalo, metade jumento; então, como podem ser tão diferentes? Isso viola uma das leis fundamentais da hereditariedade mendeliana. Aprendemos nas aulas de biologia da escola que, exceto pelo cromossomo Y, os dois pais nos legam complementos genéticos distintos porém equivalentes. Recebemos de cada um deles um conjunto de cromossomos e, portanto, de genes. A herança é sexualmente simétrica. A mula foi o primeiro sinal de que, além do cromossomo Y, havia mais alguma coisa de assimétrico no que recebemos de nossos pais e mães. A assimetria ficou conhecida como *efeito de origem parental*. Os casos mais evidentes eram os híbridos, como a mula. Por exemplo, os tigreões (cruzamentos de tigres com leoas) e os ligres (cruzamentos de leões com tigresas) também são animais muito diferentes.

Embora mais evidente nos híbridos, o efeito de origem parental já foi identificado por diversos outros meios. Um bom exemplo nos seres humanos é a síndrome de Turner. Essa condição resulta da falta de um determinado pedaço de um dos cromossomos X ou mesmo de um X inteiro. As mulheres normais, como vimos no Capítulo 8, herdam um X de cada um dos pais. As portadoras da síndrome têm menos um X, de modo que seu conjunto de cromossomos sexuais é assim representado: XO. Dado o que já se disse no Capítulo 8 sobre a inativação aleatória do X, você deve estar pensando que isso não é nenhum problema. Afinal, as mulheres normais também só têm um cromossomo X funcional por célula. Mas lembre-se também de que o X não é totalmente inativado, é normal que alguns genes continuem ativos.

Muitos dos problemas das mulheres XO podem ser atribuídos aos 15% dos genes do X que normalmente escapam à inativação. Nas mulheres normais XX, tanto a cópia paterna quanto a materna desses genes são expressas em todas as células. Nas XO, há apenas um exemplar disponível. É provável que este seja o motivo pelo qual 98% dos fetos portadores da síndrome sofram aborto espontâneo. Não obstante, a síndrome de Turner está presente em uma entre 2.500 meninas nascidas vivas, tornando-a um dos males mais comuns entre os defeitos genéticos graves.

Quando nascem vivas, as meninas acometidas pela síndrome estão sujeitas a uma série de males, dos quais o mais característico é a falta de maturação sexual. Outros problemas associados à síndrome, em maior ou menor grau, são baixa estatura, doenças cardiovasculares, osteoporose, diabetes e deficiências na cognição espacial.[3] Quais dessas moléstias afetarão determinada paciente, isso depende em parte da origem paterna ou materna do X restante.[4]

A contribuição da síndrome de Turner para o entendimento do efeito parental é limitada, pois a porção faltante do genoma é grande demais. A síndrome de Prader-Willi (PWS) se presta melhor a isso. A PWS também está associada a uma série de anormalidades no desenvolvimento. Os casos típicos incluem obesidade, baixo tônus muscular, gônadas maldesenvolvidas, estatura reduzida e deficiências cognitivas.[5] Há mais de uma maneira de provocar essa anomalia, mas a maioria dos que sofrem desse mal perdeu um pequeno trecho do cromossomo 15, no que os geneticistas chamam de *deleção*.[6] O fragmento perdido inclui vários genes e sequências não gênicas (DNA que não faz parte de nenhum gene). Não é de surpreender que uma perda como essa tenha efeito significativo sobre o desenvolvimento; o espantoso é que a PWS só se manifeste quando a deleção é herdada do pai. Se a mesma alteração do cromossomo 15 é de herança materna, o resultado é um distúrbio inteiramente diferente, a síndrome de Angelman (AS).[7]

É como se, nessa região, os genes da mãe recebessem uma *marca* diferente daquela impressa nos genes do pai. Para um desenvolvimento normal, são necessárias tanto marcas maternas quanto paternas.

O que importa é a proveniência das marcas e não simplesmente o fato de contar com duas delas, como demonstram os casos de PWS nos quais não há deleção. Cerca de 25% dos casos da síndrome resultam de outro tipo de confusão genética, no qual são produzidas duas cópias do cromossomo materno, em vez de um materno e outro paterno.[8] Em tais casos, fica especialmente clara a necessidade de uma marca paterna em certos genes do cromossomo 15 para um desenvolvimento normal.

Alguns dos genes envolvidos na PWS e na AS já foram identificados, mas foi nos estudos sobre uma terceira desordem, a síndrome de Beckwith-Wiedemann (BWS), que se identificou a marcação de um gene específico. Ele é o *IGF2*, ao qual já fomos apresentados quando falamos sobre a fome holandesa (Capítulo 1). Lembre-se de que o IGF2 é um fator de crescimento de especial importância durante o desenvolvimento fetal.

Quando recebe a marca paterna, o *IGF2* é ativo; quando a marca recebida é materna, é inativo. Essa é a situação normal. É notável que um gene responsável por uma proteína que inibe a ação do IGF2 também sofra o mesmo tipo de marcação, mas de maneira inversa. Quando traz a marca materna, o inibidor é ativo, quando a marca é paterna, é inativo. Essa também é a situação normal.[9] Quando essas marcas de origem estão ausentes, coisas ruins podem acontecer, como a BWS, por exemplo.

A síndrome de Beckwith-Wiedemann é uma desordem do crescimento que faz com que os fetos cresçam mais que o normal. Há também vários outros traços associados, incluindo risco aumentado para um tipo específico de câncer renal, o tumor de Wilms.[10] A síndrome ocorre quando a marcação do *IGF2* ou de seu inibidor não se dá como deveria. Mas qual é a natureza dessas marcas? Como elas são estabelecidas?

As marcas de origem parental como imprinting genômico

Para a maioria dos genes, tanto a versão (isto é, o alelo) herdada do pai quanto a recebida da mãe são expressas, pelo menos nos casos onde há alguma expressão. Essa condição típica é chamada expressão *biparental*. Para cerca de 1% de nossos genes, porém, apenas um dos dois alelos é normalmente expressado. Em alguns casos é o gene materno, em outros, o paterno. É a chamada expressão *uniparental*. A expressão gênica uniparental acontece quando uma das duas versões é desativada de forma mais ou menos permanente. Esse processo de desativação, antes conhecido como "imprinting genético", hoje é chamado *imprinting genômico*.[11] O imprinting é um processo epigenético no qual a metilação tem papel de destaque.

O processo de imprinting se distingue por várias peculiaridades. Em primeiro lugar, há a questão do momento de ocorrência. Como vimos no Capítulo 7, a maior parte das alterações epigenéticas é removida durante a produção dos óvulos e espermatozoides. Os genes marcados pelo imprinting não fogem à regra, as marcas epigenéticas são apagadas logo no início da formação dos gametas. Mas as células reprodutivas passam por um segundo estágio de reprogramação. Nessa segunda fase, os padrões de metilação do imprinting são restabelecidos nos óvulos e espermatozoides antes de seu amadurecimento, de modo que continuam presentes no momento da fecundação.[12]

O gene marcado pelo imprinting deve sobreviver ainda a uma segunda rodada de reprogramação, uma desmetilação geral ocorrida entre a concepção e a implantação.[13] A especificidade desses genes está no fato de eles não serem completamente desmetilados durante essa segunda rodada. Outros processos epigenéticos impedem que isso aconteça. Assim, quando o embrião se implanta no útero, o padrão de expressão dos genes marcados já está epigeneticamente fixado. É bom que seja assim, pois em geral esses genes fazem a maior parte de seu trabalho nos estágios iniciais do desenvolvimento, bem antes do nascimento.[14]

A razão pela qual a expressão "imprinting genético" foi substituída por *imprinting genômico* é que as marcas não se situam no próprio gene nem em seu painel de controle, nem mesmo num trecho de DNA adjacente ao gene. Ao contrário, a metilação pode estar localizada a uma boa distância do gene cuja expressão controla, nas chamadas *regiões controladoras de imprinting* (ICRs).[15] No caso da síndrome de Prader-Willi, a ICR regula epigeneticamente uma série de genes do cromossomo 15. O imprinting genômico e a inativação do X têm como característica comum funcionar como um "controle remoto" para diversos genes.

Os genes marcados por imprinting apresentam ainda outra característica singular: a metilação nem sempre bloqueia a expressão gênica, e em certos casos pode até aumentá-la. Assim, a expressão uniparental pode surgir porque um alelo está marcado como "ligado" ou porque o outro alelo está marcado como "desligado". De agora em diante, passarei a me referir apenas ao "alelo ativo" e ao "alelo inativo". Normalmente, o alelo *IGF2* marcado só é ativo quando herdado do pai. Já o alelo marcado do inibidor de IGF2 só é ativo quando recebido da mãe.

O papel do imprinting no desenvolvimento

A maioria dos alelos ativos com marcas de imprinting é de origem materna. Muitos deles são expressados na placenta e servem de freio ao crescimento do embrião.[16] Por outro lado, muitos dos genes com imprinting paterno parecem promover o crescimento embrionário.[17] Nos raros casos em que todas as marcas paternas são perdidas, a placenta permanece em estágio rudimentar. Já a perda total das marcas maternas faz com que a placenta seja maior que o normal. O imprinting do *IGF2* e de seu inibidor ilustra esse contraste em microcosmo. Quando a marcação do *IGF2* se dá de forma inadequada, de modo que este é expressado em ambos os alelos, em vez de apenas em um, o feto apresenta o crescimento exagerado próprio da BWS. Essa característica é especialmente pronunciada quando o inibidor com imprinting materno não está presente.[18] Ambos os fatores atuam ao mesmo tempo quando há uma duplicação da porção paterna do cromossomo, com a consequente perda das partes maternas.[19]

Um imprinting defeituoso que comprometa a expressão do alelo *IGF2* de marcação paterna e/ou aumente a expressão do gene do inibidor de IGF2 provoca um atraso no crescimento, como na síndrome de Russell.[20] Assim, o *IGF2* com imprinting paterno e o inibidor com imprinting materno funcionam como antagonistas, de modo que o desenvolvimento normal depende do equilíbrio entre os dois. Parece ser também isso o que acontece num plano mais geral. Para um desenvolvimento embrionário normal, é necessário um equilíbrio entre genes com imprinting materno e paterno.[21]

Os genes marcados pelo imprinting, pela sua expressão *monoalélica* (por um único alelo), são especialmente vulneráveis a acidentes moleculares. Na maioria dos genes, que são *bialélicos* (expressados por ambos os alelos), quando algo dá errado com um dos alelos, o outro pode compensar parcialmente a perda. Nos casos em que há imprinting, essa compensação é impossível. Se algo dá errado, os problemas serão maiores que nos genes comuns.[22] As consequências desses acidentes epigenéticos são gravíssimas, em parte porque ocorrem numa fase incipiente do desenvolvimento, mas também porque defeitos no imprinting têm maiores chances de se transmitir às gerações futuras que outros processos epigenéticos defeituosos. O imprinting tem efeitos transgeracionais.

Efeitos do ambiente sobre genes com imprinting

Há um interesse cada vez maior pelos efeitos das toxinas ambientais sobre os processos epigenéticos em geral e, mais recentemente, pelo imprinting genômico em particular. Meu foco aqui estará voltado para um grupo de toxinas conhecido como desreguladores endócrinos. Como diz o nome, os *desreguladores endócrinos* perturbam processos fisiológicos hormonais. Em geral, essas substâncias agem mimetizando os hormônios e se ligando a seus receptores. Entre os desreguladores endócrinos mais perniciosos estão aqueles que tomam o lugar do hormônio feminino estrogênio. Estes incluem os bifenilos policlorados (PCBs) e o bisfenol A, usado na fabricação de plásticos (como as ubíquas garrafas de água). Outros desreguladores que ocupam o lugar do estrogênio são os herbicidas como a atrazina e os fungicidas como o vinclozolin.

Os efeitos dos desreguladores endócrinos foram observados pela primeira vez em peixes e anfíbios, e são uma das principais causas do declínio de algumas populações locais.[23] Esses animais são especialmente suscetíveis por duas razões: vivem em hábitats aquáticos, onde acaba havendo uma alta concentração de produtos químicos, e têm um desenvolvimento sexual mais influenciado pelo ambiente que o dos seres humanos e o dos outros mamíferos.[24] Por exemplo, os desreguladores endócrinos fazem com que os peixes troquem de sexo, resultando em populações compostas apenas por fêmeas.[25] Nos anfíbios, os efeitos feminilizantes dessas substâncias também são fortíssimos e provocam a esterilidade dos machos.[26]

Ainda que com efeitos menos drásticos que nos peixes e anfíbios, os desreguladores endócrinos foram relacionados a uma série de males nos homens e em outros mamíferos. Nestes últimos, os efeitos dessas substâncias sobre os genes marcados por imprinting são especialmente bem estudados.[27] Os mamíferos machos, incluindo os humanos, parecem ter uma sensibilidade especial às falhas no desenvolvimento causadas pela ação dos desreguladores sobre genes marcados, o que é evidenciado por uma incidência elevada de câncer de próstata, doenças renais e anormalidades nos testículos.[28] Em muitos casos, esses problemas só se manifestam na idade adulta, como ocorre, por exemplo, na síndrome metabólica. Como se isso já não bastasse para nos deixar preocupados, foi recentemente demonstrado em ratos que esses defeitos podem ser transmitidos às gerações futuras.

Ratos machos expostos, ainda no útero, ao fungicida vinclozolin têm espermatozoides defeituosos e fertilidade reduzida quando adultos. Seus filhotes do sexo masculino – não expostos ao produto – também apresentam os mesmos problemas, que se repetem na terceira e na quarta gerações.[29] O fungicida exerce seus efeitos transgeracionais pela alteração do processo de imprinting durante o desenvolvimento dos espermatozoides. O vinclozolin não apenas altera as marcas normais, como também estabelece novas marcas em partes do genoma que não costumam sofrer imprinting.[30] As novas marcas são transmitidas aos machos pelo menos por quatro gerações. As alterações não afetam só a fertilidade, estando associadas também a uma série de doenças que se manifestam na idade adulta, afetando testículos, próstata, rins e o sistema imunológico.[31]

Esses experimentos não foram e nunca serão reproduzidos em seres humanos – que futura mãe se voluntariaria a uma exposição ao vinclozolin? Mesmo assim, eles nos fornecem provas inequívocas de que os desreguladores endócrinos são mais que um problema de peixes e sapos.

O problema dos híbridos

Começamos este capítulo com o enigma de mulas e bardotos, ao qual agora retornamos. Devemos, antes de tudo, observar que os membros da família do cavalo apresentam uma incrível capacidade de gerar filhotes híbridos saudáveis. Isso vale não só para os cavalos e jumentos, mas também para as zebras. Podemos cruzar um macho de zebra com uma égua, obtendo um zebravalo, ou um cavalo com uma zebra fêmea, obtendo uma cavazebra. Isso não é de modo algum comum entre os mamíferos. Exceto no caso de espécies muito próximas, os mamíferos hibridizados apresentam todo tipo de malformações e problemas de saúde, fenômeno conhecido como disgenesia do híbrido. Os equídeos não são imunes à disgenesia, o que é demonstrado pela esterilidade das mulas e de outros cruzamentos. Tradicionalmente, o fenômeno era atribuído a incompatibilidades genéticas. Uma vez que duas espécies houvessem atingido um nível suficiente de divergência genética, qualquer híbrido seria defeituoso, pois a coordenação entre os genomas paterno e materno combinados no óvulo fecundado não se daria da forma certa.

Sem dúvida há uma boa dose de verdade nessa tese, porém, estudos mais recentes mostram que isso é apenas parte da história. Os mamíferos híbridos também padecem de distúrbios no processo de imprinting, que, em alguns genes, podem levar à perda total das marcações. A perda do imprinting foi especialmente bem demonstrada em roedores, como os membros do gênero *Mus*, que inclui o camundongo doméstico. Alelos que normalmente só se expressam quando herdados da mãe ou, conforme o caso, do pai passam a ser sempre expressados. Isso pode criar uma série de problemas, que começam ainda no início do desenvolvimento.[32] A questão aqui é menos de divergência genética e mais de divergência epigenética, o que leva a problemas na reprogramação epigenética.

Os cavalos e os jumentos também divergiram epigeneticamente, mas não a ponto de provocar um abalo mais sério na reprogramação epigenética capaz de causar a perda de imprintings. Garanhões e jumentos transmitem marcações ligeiramente diferentes à sua prole. O mesmo vale para as éguas e jumentas. Portanto, os cruzamentos, ainda que sejam simétricos do ponto de vista genético, não são epigeneticamente simétricos. As diferenças entre mulas e bardotos são um excelente exemplo do ponto até onde chegam os efeitos da assimetria epigenética.

As mulas e suas variantes

As mulas (e os bardotos) foram criadas pela primeira vez há mais de 3 mil anos por habitantes empreendedores (ainda que um tanto pervertidos) da Mesopotâmia. Esse foi o primeiro exemplo registrado de um efeito de origem parental. Com o passar dos anos, novos exemplos foram descobertos, e não só em híbridos, mas também na transmissão de vários tipos de problemas de desenvolvimento, como as síndromes de Prader-Willis e de Turner. Contudo, o enigma em torno desses efeitos persistiu até bem depois do advento da genética moderna. O sistema de Mendel e suas reelaborações posteriores não eram suficientes para a compreensão do fenômeno.

Faz pouquíssimo tempo que, com o advento da epigenética, passamos a dispor de uma explicação para as mulas e os bardotos e para outros efeitos de origem parental hoje conhecidos como imprinting genômico. O imprinting se assemelha, em alguns aspectos, ao tipo de herança epigenética analisado no Capítulo 7. Uma diferença importante é que as marcas epigenéticas do imprinting não se transmitem diretamente à geração seguinte, como no caso do alelo agouti ou do alelo *fwa* na *Arabidopsis*. Em vez disso, as marcas são apagadas durante a reprogramação epigenética e em seguida restabelecidas. Por essa razão, o imprinting não é considerado uma verdadeira herança epigenética, ainda que seja de fato um fenômeno epigenético e que seja herdado, embora não da mesma maneira que os genes e as marcas epigenéticas como o *fwa*. Quer o tomemos como uma forma de herança epigenética, quer simplesmente como mais um tipo de efeito epigenético transgeracional, o imprinting claramente exige uma ampliação de nosso conceito de herança biológica. Trata-se, sem dúvida, de uma forma de hereditariedade biológica, mesmo seguindo regras diferentes daquelas vigentes na herança genética.

Mas o imprinting genômico é, antes de mais nada, uma forma diferente de controle epigenético sobre o processo de desenvolvimento, o processo pelo qual um óvulo fecundado, ou *zigoto*, se transforma em você ou em mim. Passaremos agora aos meios mais comuns pelos quais o fenômeno é epigeneticamente regulado. A maioria dos biólogos acredita que é na compreensão do desenvolvimento e, em especial, de seus estágios mais básicos que se colherão os melhores frutos da epigenética.

10. Os ouriços-do-mar não são só comida

O OURIÇO-DO-MAR, desprezado pelos banhistas por seus espinhos mas adorado pelos aficionados do sushi pelas gônadas, tem papel de destaque na biologia do desenvolvimento.[1] Boa parte de nosso conhecimento sobre os estágios iniciais desse processo vem de estudos realizados com essas criaturas. A fecundação – união entre os núcleos do espermatozoide e do óvulo – foi observada pela primeira vez nos ouriços. Esses seres também se destacam em estudos sobre o que acontece em seguida: uma série de divisões celulares pelas quais o óvulo fertilizado, ou zigoto, se transforma numa bola de células genéricas, a chamada *blástula*. Essas células são genéricas no sentido de que não apresentam nenhuma das características distintivas dos tipos de célula encontrados em ouriços adultos, como as do sangue e os neurônios (os ouriços-do-mar são dotados de neurônios, mas não de cérebro). Há, porém, outro sentido no qual se pode dizer que as células da blástula são genéricas: elas geram todos os tipos de célula adulta. Essas estruturas genéricas da blástula são o que chamamos de *células-tronco embrionárias*. Isso vale tanto para os ouriços quanto para os seres humanos.

O processo pelo qual o zigoto dá origem à blástula e a blástula dá origem a um animal com espinhos e gônadas – ou, conforme o caso, cérebro e gônadas – está entre os mais formidáveis do Universo. É também um dos mais difíceis de ser assimilado pela mente humana. Nossa intuição, tão útil em outros contextos científicos, tende, nesse caso, a nos enganar, a nos desencaminhar. Há muita coisa em jogo nessa questão. Afinal, o objetivo aqui é, em última instância, saber como nos tornamos aquilo que somos, como você se torna o que você é. Não é nenhuma surpresa, portanto, que esse processo, que chamaremos simplesmente de *desenvolvimento*, seja um tema com um longo histórico de disputas.

Há uma série de pontos controversos, mas, para nossos propósitos, podemos dividir os contendores em duas correntes. Na primeira estão os que afirmam que, apesar das aparências em contrário, cada um de nós estava de fato contido no zigoto. Essa corrente se chama pré-formacionismo e, em sua vertente mais extrema, afirma que o desenvolvimento se reduz ao crescimento. A forma mais radical de pré-formacionismo é também a mais primitiva; formas bem mais sofisticadas foram desenvolvidas durante os séculos XVII e XIX.[2] Segundo as versões mais refinadas, cada um de nós está presente no zigoto em estado de latência, e o desenvolvimento é o processo pelo qual o "indivíduo latente" se transforma no "indivíduo manifesto". O ser latente não precisa ter semelhança com o ser manifesto. No entanto – e isso constitui a essência do pré-formacionismo –, a forma particular que constitui cada um de nós está totalmente presente, ainda que de maneira latente, no zigoto. Não há nada no ambiente que contribua para nossa forma adulta. Também não se pode dizer que o indivíduo manifesto passe a existir como resultado do desenvolvimento; ele estava lá desde o princípio.

Essa última tese em especial distingue o pré-formacionismo da segunda maneira de explicar o desenvolvimento, a chamada epigênese.[3] Na perspectiva epigenesista, nós não existimos antes do desenvolvimento, seja de forma manifesta, seja de forma latente. Ao contrário, o desenvolvimento é o processo pelo qual passamos a existir. Desenvolver-se não é apenas realizar o que já estava preestabelecido, é um processo criativo. Isso não equivale a negar que os genes e outros componentes bioquímicos do zigoto sejam essenciais para nosso desenvolvimento – eles o são, com toda a certeza. Mas seu papel no desenvolvimento não é ser um indivíduo pré-formado.

Na versão mais antiga (isto é, dos séculos XVII e XVIII) do pré-formacionismo, o pensamento corrente era de que o ser pré-formado residia no óvulo não fecundado. Além disso, considerava-se que os óvulos eram semelhantes a um conjunto de bonecas russas, contendo dentro de si as formas de todas as gerações subsequentes em tamanho cada vez menor. Os óvulos de Eva conteriam todos os seres humanos futuros, incluindo você. Por mais absurdo que isso pareça hoje, dados a tecnologia e o conhecimento disponíveis à época, essa não era uma hipótese ridícula. Além do quê, tinha a considerável virtude de explicar o desenvolvimento sem invocar nenhum elemento sobrenatural que violasse o princípio científico básico do naturalismo (tomado no sentido que se opõe a supernaturalismo). O pré-formacionismo não precisava recorrer a nenhum elemento fantástico para explicar como o óvulo de sua mãe se transformou em você. O crescimento não tem nada de misterioso.

Os partidários da epigênese, porém, afirmavam que, apesar de seu naturalismo, os pré-formacionistas na melhor das hipóteses eram simplistas, na pior, cabeças-duras. Contudo, ainda que em geral fossem mais atentos que seus adversários às complexidades do desenvolvimento, os epigenesistas tinham seus próprios problemas. O maior deles era a incapacidade de explicar a ordem desse processo complexo – ou como essa complexidade ordenada podia ter origem em estados mais simples e aparentemente homogêneos – sem recorrer a fatores sobrenaturais. Para os pré-formacionistas, a complexidade não oferecia nenhum problema, era algo que estivera presente desde o princípio, desde a aurora da Criação. Já os primeiros epigenesistas, tal qual Darwin em outro contexto, tinham de explicar como se chega a algo muito complexo partindo de algo tão simples quanto um zigoto. Eles não eram capazes de encontrar os princípios explicativos entre as leis físicas conhecidas, principalmente as da física newtoniana, o que os obrigou a propor a existência de um elemento adicional presente nos seres vivos e ausente nos inanimados. As concepções desse elemento eram muito variadas, mas tinham em comum a ideia de que não se tratava de algo material, e de que sua existência só poderia ser demonstrada fazendo referência ao próprio processo. Isso não vale como explicação científica.

Nas últimas décadas do século XIX, os métodos experimentais já haviam sido aperfeiçoados a ponto de permitir que algumas das teses de ambas as correntes fossem postas à prova. Naquele momento, dois cientistas alemães tiveram papel de destaque, Wilhelm Roux e Hans Driesch.

O experimento e suas consequências

Driesch escolheu os ouriços-do-mar para seu estudo pelo mesmo motivo que outros já o haviam escolhido para estudar a fecundação: os óvulos grandes e quase sem vitelo. Os óvulos desses seres são muito maiores que os da maioria dos animais, incluindo as rãs e os seres humanos. Isso tem especial importância para o monitoramento não apenas da fecundação, mas também das primeiras divisões celulares, que ocorrem dentro dos limites do zigoto. Assim, a cada divisão, as células vão ficando menores. Porém, mesmo depois de divididas algumas vezes, as células embrionárias do ouriço continuam relativamente grandes e, portanto, mais fáceis de serem observadas pelos microscópios da época do que as células dos homens ou dos anfíbios no mesmo estágio. Com pouco vitelo, o zigoto do ouriço é quase transparente, o que é outra vantagem.

Uma questão central no debate da época era como se obtêm tantos tipos de célula diferentes – do sangue, da pele, cones, e assim por diante – a partir de óvulos que não têm nenhuma semelhança com as outras categorias celulares. Na década de 1890, a última palavra em explicação pré-formacionista, defendida por Roux, sustentava que os cromossomos do óvulo fertilizado, ou zigoto, conteriam todos os determinantes da forma adulta.[4] Em cada divisão subsequente, os cromossomos seriam repartidos pelas células resultantes, até que todos os tipos celulares estivessem diferenciados. A célula diferenciada se transformaria em neurônio, em fibra muscular ou em alguma outra estrutura, dependendo dos fragmentos do cromossomo que ela contivesse. A tese agradava a muitos, pois era simples e mecânica.

Tanto Roux quanto Driesch se propuseram a testar a ideia, mas somente o último foi capaz de dominar os detalhes técnicos.[5] Driesch realizou uma intervenção experimental logo após a fecundação, durante as divisões celulares iniciais. O cientista conseguiu separar as células dos embriões de ouriço nos estágios em que o número destas está ainda entre dois e oito. Para sua surpresa, cada uma das duas células resultantes da primeira divisão se desenvolveu numa larva de ouriço completa. O mesmo se deu com algumas das células de embriões de quatro e oito células. De acordo com a tese pré-formacionista de Roux, qualquer célula isolada na fase bicelular deveria ter metade do material cromossômico e só poderia se desenvolver em meio ouriço. Assim, os experimentos com o animal marinho valeram como uma refutação decisiva do pré-formacionismo de Roux, de maneira que Driesch passou a defender a epigênese.

Driesch chegou à conclusão muito razoável de que nos primeiros estágios da vida embrionária cada célula seria, de alguma forma, capaz de regular o próprio desenvolvimento, de modo a se transformar num embrião completo. Processos como o conjecturado por Driesch para o desenvolvimento são o que chamamos hoje de auto-organizadores.[6] Em seguida, o cientista realizou outra série de experimentos, em estágios bem mais avançados de desenvolvimento, que foram ainda mais significativos. Com engenhosidade, o pesquisador manipulou a posição das células de modo que aquelas que em condições normais dariam origem a espinhos fossem movidas para uma posição apropriada à formação da boca. De acordo com o pré-formacionismo de Roux, o embrião resultante seria caótico, com espinhos saindo do orifício bucal. Em vez disso, Driesch obteve embriões normais.

O estudioso concluiu que o potencial de cada célula não é determinado pelos cromossomos (genes) presentes no núcleo, mas sim pela posição ocupada no embrião. Em uma perspectiva mais geral, Driesch começou a desenvolver um sistema epigenético que antecipava o conceito moderno de regulação gênica pelo ambiente celular. Ele propôs que elementos celulares externos ao núcleo (onde residem os genes) influenciariam a ação do núcleo (material genético), que, por sua vez, influenciaria esses elementos celulares, e assim por diante, de forma recíproca.[7] Essa ideia de causalidade recíproca, ou feedback – na qual uma ação é tanto causa quanto efeito –, era inédita na ciência. Hoje é um dos princípios fundamentais da biologia.

Tal qual Roux, Driesch começara seus experimentos com o propósito naturalista radical de explicar o desenvolvimento recorrendo apenas às leis da física e da matemática. Assim, os resultados obtidos lhe pareceram um tanto decepcionantes. Na verdade, a complexidade do desenvolvimento o deixou tão atordoado que ele abandonou não só seu naturalismo simplista, como toda e qualquer forma de naturalismo. Driesch sentiu-se obrigado a invocar um princípio anímico, ao qual chamou de "enteléquia", adotando um termo aristotélico para dar conta de processo tão complexo.[8] Por fim, o alemão acabou trocando a biologia pela filosofia, o que foi uma perda para ambas as disciplinas.

A morte e a ressurreição do pré-formacionismo

Os experimentos de Driesch foram um golpe mortal para a versão do pré-formacionismo em voga na época, mas não para o pensamento pré-formacionista. O ressurgimento da doutrina se deve, em parte, ao fato de que os epigenesistas não eram capazes de encontrar um mecanismo verossímil e natural. Havia, porém, outra força por trás da ressurreição do pré-formacionismo: seu apelo intuitivo. A mente humana parece predisposta ao pré-formacionismo, pois este mobiliza certos modos de pensar ingênuos que têm a preferência tanto de cientistas quanto de não cientistas quando se trata de explicar fenômenos complexos como o desenvolvimento (ou a evolução).

Há duas intuições correlacionadas que servem de esteio aos pré-formacionistas (e também aos criacionistas). A primeira diz respeito ao prefixo "pré" na palavra "pré-formacionismo": a complexidade deve estar presente desde o princípio, no interior do óvulo (ou na mente de Deus). Podemos chamar isso de "intuição da complexidade". A segunda intuição se refere à "forma" em "pré-formacionismo": a forma preexistente no óvulo (ou na mente de Deus) leva ao desenvolvimento da forma adulta. É o que chamaremos de "intuição da condução".

Uma concepção naturalizada da epigênese deve se opor a ambas as intuições sem recorrer a nenhum elemento sobrenatural. Contra a intuição de que só a complexidade gera complexidade, os epigenesistas devem mostrar que esta pode resultar de condições iniciais relativamente simples. Contra a intuição de que processos que seguem uma ordem complexa, como o desenvolvimento, precisam de um condutor central que lhes dê forma, os epigenesistas devem mostrar que, dadas certas condições iniciais, essa ordem pode resultar de interações locais no plano celular.[9] Essa não é uma tarefa fácil. Até Driesch, que antecipara os conceitos essenciais de feedback, causalidade recíproca e auto-organização, acabou cedendo e recorreu à noção sobrenatural de enteléquia. Assim, muitos biólogos, mesmo admitindo que, com os experimentos do alemão, os epigenesistas tinham ganhado uma batalha, se recusavam a aceitar que ele houvesse vencido a guerra. O surgimento da genética moderna lhes pareceu legitimar essa recusa.

Em sua origem, a ciência da genética – tal como era praticada por Morgan, por exemplo – se desenvolvia com total independência da biologia do desenvolvimento. Era, porém, inevitável que os geneticistas se ocupassem do tema. Eles o fizeram com um forte viés pré-formacionista, ignorando em grande medida os trabalhos anteriores de Driesch e de outros pesquisadores do desenvolvimento. Segundo a nova concepção pré-formacionista inspirada na genética, os genes de um indivíduo contêm a forma complexa que é aquele indivíduo, através da qual lhe conduzem o desenvolvimento. O pré-formacionismo genético foi muito bem divulgado por uma série de metáforas de apelo intuitivo. A primeira foi a do "esboço genético", a segunda, a da "receita genética", a última, a do "programa genético". Algumas combinações das metáforas da receita e do programa continuam populares; o ponto em comum entre elas é a ideia de que os genes fornecem instruções que a célula executa. No pré-formacionismo genético, o conceito de gene executivo dá lugar ao conceito mais amplo de genoma executivo.[10]

As metáforas da receita e do programa são atraentes porque associam as intuições básicas comuns a todas as versões do pré-formacionismo a artefatos humanos que nos são familiares, de bolos a cerimônias de formatura.[11] Por maior que seja seu apelo intuitivo, essas analogias não resistem nem ao exame mais apressado. Ninguém seria capaz de fabricar uma única célula, muito menos um ser humano, apenas seguindo a receita genética. Boa parte do que precisaríamos saber não está lá. Dando razão aos epigenesistas, a maior parte das informações necessárias à fabricação de um indivíduo não está lá desde o princípio. Ao contrário, o desenvolvimento é o processo pelo qual essas informações passam a existir.[12] A receita é escrita ao longo do desenvolvimento, não antes dele.

O mesmo vale para a metáfora do programa genético, sendo que a ideia de programação genética padece de outro defeito fatal: a distinção entre software e hardware. Os genes constituiriam o software e o resto dos componentes celulares, o hardware, cuja operação é comandada pelos genes. Porém, como vimos ao longo deste livro, os genes fazem parte de nosso hardware como qualquer outro componente bioquímico, e tanto dão instruções quanto as seguem. Na verdade, a ciência da epigenética só faz sentido quando os genes são vistos como peças do hardware bioquímico.

Das células-tronco aos cones

Um dos problemas mais incômodos para todas as versões do pré-formacionismo – desde a mais primitiva (óvulos de Eva) às mais sofisticadas (programa genético) – é explicar como uma bola de células genéricas idênticas dá origem a células especializadas como neurônios, cones e fibras musculares. Esse processo é chamado *diferenciação celular*. Você deve estar lembrado de que Roux, o pré-formacionista, pensava que a diferenciação resultava das sucessivas divisões dos genes durante o desenvolvimento. O zigoto possuiria todos os genes, enquanto os cones conservariam apenas um pequeno subconjunto, e as fibras musculares, outro subconjunto diferente. Sabemos hoje, porém, que todas as nossas células são geneticamente idênticas.[13] Os cones têm os mesmos genes que as células do fígado, dos músculos ou de qualquer outra parte do corpo. O que distingue os cones das células do músculo cardíaco, por exemplo, não são diferenças nos genes, mas em sua expressão. Essas variações na expressão gênica são causadas por processos epigenéticos.

Pense no zigoto em termos de determinado recurso disponível: o potencial. O potencial dos zigotos é enorme, na verdade, é tão grande quanto possível. Mas de que tipo de potencial estamos falando? Da capacidade de se transformar – através de vários estágios intermediários – em qualquer um dos mais de duzentos tipos de célula presentes no corpo humano e na placenta. Diz-se que o zigoto é *totipotente*, o que basicamente significa que seu potencial é total. Quando o estágio da blástula (com mais ou menos 128 células) é atingido, a capacidade de produzir tecido placentário está perdida, mas uma célula dessa fase ainda é capaz de se transformar em qualquer um dos mais de duzentos tipos de célula humana. São essas as *células-tronco embrionárias*, classificadas como *pluripotentes*. Do estágio de blástula em diante, a cada divisão celular sucessiva perde-se um pouco do potencial de transformação. A célula-filha perde parte das potencialidades encontradas na mãe, limitando sua capacidade de se transformar – através de vários estágios intermediários – em outros tipos de célula. Quando o potencial se reduz a tal ponto que a célula-mãe dá origem a filhas que só podem se transformar em células de determinadas classes – sanguíneas ou neurais, por exemplo – temos as chamadas *células-tronco somáticas* (muitas vezes tratadas pela mí-

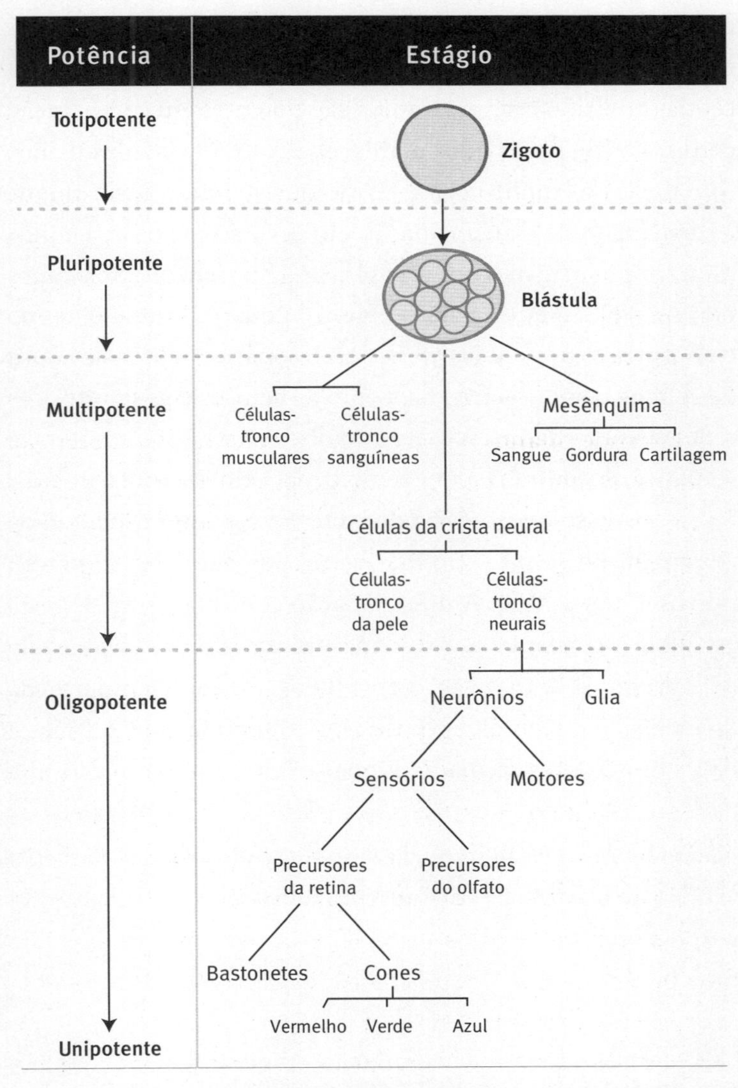

FIGURA 6. Diagrama esquemático da diferenciação celular desde o zigoto até a diferenciação final dos cones. O potencial das células oligopotentes é menor que o das multipotentes, porém maior que o das unipotentes. As ramificações da região oligopotente aqui mostradas são altamente especulativas.

dia como "células-tronco adultas", expressão equivocada). Tais células já perderam a maior parte do potencial que existia nas células embrionárias, mas ainda são potentes em comparação com cones ou fibras musculares. Diz-se que as células-tronco somáticas são *multipotentes*, termo que se refere basicamente à capacidade de transformação em diversos tipos de célula – tanto em contraste com a ausência de potencial (nos cones, por exemplo) quanto com o potencial quase ilimitado (como o encontrado nas células-tronco embrionárias). Há vários tipos de células-tronco somáticas, como as neurais e as sanguíneas.

A transição da pluripotência embrionária à multipotência somática, encontrada, por exemplo, nas células-tronco neurais, é um processo epigenético durante o qual um número cada vez maior de genes sofre inativação permanente (enquanto outros são ativados). A diferenciação continua para além do estágio das células-tronco somáticas pluripotentes – avançando pela progressiva inativação epigenética –, até terminar num dos mais de duzentos tipos de célula humana, como cones e fibras musculares cardíacas. Cones e fibras são o fim da linha para a diferenciação: os cones só podem gerar outros cones, as fibras cardíacas só podem gerar outras fibras cardíacas. Essas células não têm mais nenhum potencial para se transformar em qualquer outra coisa.

Uma terceira forma de regulação epigenética

Tanto a metilação do DNA quanto as modificações das histonas têm papel de destaque na diferenciação celular, mas existe também outro mecanismo epigenético, que implica o RNA.

Já fomos apresentados a um tipo de RNA envolvido na regulação epigenética, o Xist, fator essencial na inativação do cromossomo X. Contudo, a maioria das moléculas de RNA que exercem funções epigenéticas é bem menor que o Xist. Muitas, aliás, são extremamente pequenas. Um grupo importante desses minúsculos RNAs não codificantes é o dos chamados *microRNAs*.[14]

A regulação gênica epigenética operada pelos microRNAs funciona de maneira muito diversa tanto da metilação quanto da ligação das histonas. A diferença mais significativa é que os microRNAs atuam num estágio posterior da síntese proteica. Como vimos no Capítulo 2, a síntese ocorre em duas fases. Na primeira, a da transcrição, o RNA mensageiro (mRNA) é construído a partir do modelo do DNA. Na segunda, a da tradução, é construída uma proteína tendo o RNA como modelo. A regulação gênica epigenética se dá, em sua maior parte, no primeiro estágio, em geral pela inibição da transcrição. Já os microRNAs exercem sua influência durante o segundo estágio, a tradução.

Embora a transcrição esteja sujeita a uma regulação rígida, é comum haver um excesso de transcritos do mRNA de determinado gene, além dos necessários aos propósitos da célula. Quando "decide" que é este o caso, a célula emprega os microRNAs para corrigir o problema. Estes identificam quais são os mRNAs excessivos e os marca para que sejam destruídos, conectando-se a eles fisicamente num ponto em que sejam complementares. Não é necessário que a complementaridade seja perfeita, é preciso apenas que seja suficiente para que o microRNA se fixe ao mRNA, que é muito maior. Isso significa que o número de tipos de microRNA pode ser bem menor que o de transcritos de mRNA. Às vezes, a ligação de um microRNA ao mRNA é suficiente para impedir sua tradução em proteína. Outras vezes, o microRNA atrai proteínas, incluindo enzimas, que agem degradando o mRNA. Em ambos os casos, o resultado final é que haverá menos mRNA para servir de modelo na construção de proteínas. Essa forma de regulação gênica com base no microRNA é conhecida como *interferência de RNA* e funciona como um ajuste fino da quantidade de proteína sintetizada a partir de determinado gene.[15] Há quem a tenha comparado a um dimmer que controla o brilho de uma lâmpada.

Os microRNAs desempenham papel importante para a diferenciação celular normal.[16] Ao que tudo indica, uma de suas principais funções no nível celular é estabilizar o estado de diferenciação da célula. Há um estudo sugerindo que os microRNAs não dirigem a diferenciação, mas a evitam.[17]

A diferenciação é reversível

Você deve ter notado que o processo de diferenciação lembra um pouco o esquema pré-formacionista de Roux. Em lugar de uma divisão progressiva dos genes, há um fracionamento progressivo da expressão gênica. Mas a semelhança é apenas superficial, e as diferenças são profundas. Esse fracionamento promovido pela inativação epigenética não é de modo algum pré-formacionista. Muito pelo contrário, como inferiu Driesch, o destino de cada célula, mesmo em estágios bem posteriores à fase pluripotente, é em larga medida determinado pela parte do embrião em que ela se encontra e pela natureza das células vizinhas com as quais interage quimicamente. Essas interações intercelulares influenciam o ambiente no interior da célula, que por sua vez influencia na determinação dos genes que serão epigeneticamente ativados ou inativados. Portanto, se mudarmos as células de lugar, em especial durante os estágios iniciais do desenvolvimento embrionário, seu destino será alterado, exatamente como nos ouriços-do-mar de Driesch, nos quais células que em condições normais estariam destinadas aos espinhos se tornaram parte da boca quando movidas para lá.

O fato de que a diferenciação seja reversível também pesa contra qualquer tese pré-formacionista. Sob certas condições, as células podem se *desdiferenciar*, isto é, voltar ao estado "troncal". Isso ocorre naturalmente na reparação de danos e, de maneira mais espetacular, nos anfíbios, capazes de regenerar membros inteiros e outros órgãos.[18] A desdiferenciação de células cutâneas, musculares e ósseas é parte essencial desse processo. Nos mamíferos, isso ocorre em reação a lesões nas cartilagens e no sistema nervoso periférico.[19] Alguns pesquisadores se baseiam em modelos anfíbios para tentar estender o alcance do reparo de danos por desdiferenciação nos seres humanos.[20] Mas são as pesquisas com células-tronco que se mostram mais promissoras no que se refere ao uso terapêutico da desdiferenciação.

Os biólogos que estudam as células-tronco já são capazes de extrair uma célula da pele de um adulto e, por meio de subterfúgios bioquímicos, transformá-la no equivalente a uma célula cutânea embrionária.[21] Podem, ainda, tomar essa célula-tronco derivada da pele e fazer com que ela se rediferencie num neurônio.[22] A desdiferenciação é também um dos caminhos que levam ao câncer, como veremos no próximo capítulo. Mas as próprias células cancerosas podem ser usadas na produção de células-tronco embrionárias, no que talvez seja o exemplo mais dramático de epigênese.

Pesquisadores conseguiram transplantar células de melanoma maligno humano para um embrião de galinha, procedimento que parecia sádico e fadado ao fracasso.[23] Era de esperar que as células tumorais, ao se integrar com as embrionárias, causassem muitos problemas. No entanto, os embriões não foram prejudicados pelas células cancerosas. Não é que estas tenham morrido; elas sobreviveram e se dividiram no ritmo normal, mas sem formar nenhum tumor. Em vez disso, suas descendentes assumiram a identidade das células que, em última instância, haviam dado origem ao melanoma – nesse caso, células da crista neural.[24] Houve também uma migração celular em direção à localização normal da crista neural. Trata-se realmente de algo extraordinário: podemos gerar tecidos normais por meio da exposição de células cancerosas às células-tronco.

O que aconteceu com o melanoma? De alguma maneira, pela interação com as células embrionárias de galinha, as células cancerosas humanas sofreram alterações epigenéticas. Essas modificações provocaram sua desdiferenciação em células-tronco, que, por sua vez, puderam se rediferenciar em células normais. Trata-se, aqui, menos do desenrolar de um roteiro genético e mais de sua escrita (e reescrita).

A epigênese sem elementos sobrenaturais

Na epigenética, ao que parece, encontramos o tão esperado mecanismo natural da epigênese, o que poderia acabar de uma vez por todas com o pré-formacionismo. Contudo, graças a seu apelo intuitivo, essa doutrina está sempre ressurgindo das cinzas. Cada vez que a versão corrente é derrubada surge uma nova para substituí-la. Chamarei a última encarnação do pré-formacionismo de "programa genético-epigenético".[25] A metáfora do programa genético-epigenético reconhece o papel central dos eventos epigenéticos no desenvolvimento, mas os vê através de lentes pré-formacionistas. Em suma, a ideia é que os fenômenos epigenéticos aqui descritos seriam programados pelo genoma executivo.

A noção de programa genético-epigenético tem todos os defeitos da metáfora do "programa" (no sentido usado em "programas genéticos") e mais um problema adicional: em que sentido se poderia dizer que os eventos epigenéticos são programados? Não, decerto, no sentido que a maioria dos leitores daria a "programa": um conjunto de instruções semelhante a uma receita. Como vimos, as mudanças epigenéticas na expressão gênica que definem o destino de uma célula são em larga medida determinadas pela posição desta no embrião em desenvolvimento. Seria, portanto, mais apropriado dizer que os genes são programados por interações celulares.

Há outros sentidos, bastante minimalistas, de "programa" que se popularizaram nos campos da inteligência e da vida artificiais.[26] De acordo com a concepção minimalista, um programa fornece algumas poucas regras básicas e os robôs ou autômatos celulares se encarregam do resto, por meio de interações com seus vizinhos e o ambiente. Mas a ideia de um diretor central foi abandonada. Essa interpretação minimalista de programa parece muito com a epigênese. Assim, a noção pré-formacionista de um programa epigenético (ou genético) ou é falsa ou é tão vaga que não se distingue da epigênese. Em todo caso, estaremos mais bem-servidos se descartarmos essa metáfora e, com ela, a tentação de pensar os genes como software. Se quisermos entender os processos epigenéticos que os regulam durante a diferenciação, é melhor tratá-los como coisas concretas e materiais (bioquímicas).

Uma nota sobre a controvérsia das células-tronco

Pela sua natureza versátil, as células-tronco embrionárias têm potencial para revolucionar a medicina. Em princípio, podemos colocá-las em qualquer parte danificada do corpo, incluindo o cérebro, e esperar que proliferem e se diferenciem, substituindo as células danificadas, sejam elas quais forem. Problemas até então incuráveis, como lesões na medula espinhal, poderiam ser tratados dessa maneira. As células-tronco embrionárias poderiam ajudar aqueles que estão há anos paralisados a andar de novo – e essa é apenas uma de suas inúmeras aplicações em potencial.

As células-tronco somáticas também se prestam a alguns desses usos. Por exemplo, as células-tronco neurais podem ser usadas nos casos de lesão medular. Isso seria muito vantajoso, pois as células somáticas são muito mais fáceis de obter que as embrionárias. Até muito recentemente, as células-tronco embrionárias só podiam ser colhidas de embriões no estágio blastular, uma prática a que muitos se opunham por motivos religiosos. No entanto, mesmo depois de adultos, nós ainda contamos com reservatórios de células somáticas embrionárias. É por isso que elas são muitas vezes equivocadamente chamadas de células-tronco adultas (a designação é errônea porque tais células estão presentes em todos os estágios do desenvolvimento embrionário, com exceção dos mais incipientes). São, portanto, muito mais fáceis de obter, e seu uso tem poucos opositores. Há, porém, muitas aplicações para as quais as células-tronco embrionárias continuam mais eficazes que as somáticas.[27] Eis o motivo do alarde quando estudos recentes demonstraram que a formação de células-tronco pode ser induzida por meios artificiais. Temos aqui, potencialmente, novas células-tronco embrionárias por desdiferenciação, sem provocar a ira dos que se opõem às pesquisas com embriões. Mas os cientistas levarão anos para transformar essa prova de conceito numa tecnologia viável.[28] Até lá, as células-tronco coletadas de embriões (blástulas) continuarão a ser a maior esperança para muitos.

Os oponentes das pesquisas com células-tronco embrionárias são motivados por uma forma religiosa de pré-formacionismo. Acreditam que a alma humana é formada no encontro do espermatozoide com o óvulo. As versões seculares do pré-formacionismo também admitem a humanidade do zigoto, com todas as implicações éticas que isso acarreta. De um ponto de vista epigenesista, porém, não faz nenhum sentido pensar o zigoto como uma pessoa. Um ser humano pode ou não vir a existir como resultado dos processos iniciados no óvulo fecundado. É verdade que os zigotos de origem humana têm uma chance muito maior de se transformar em homens do que, digamos, aqueles gerados pelos ouriços-do-mar, mas isso não os torna seres humanos de fato. O mesmo se aplica a aglomerados celulares indiferenciados, coletados para pesquisas sobre células-tronco embrionárias.

Mas, afinal, em que momento o embrião se torna humano? Os epigenesistas não são capazes de dar uma resposta simples e definitiva para essa pergunta. Tudo o que podem fazer é observar que nosso desenvolvimento é o processo de nos tornarmos humanos, e não a transição de ser humano latente em ser humano manifesto. Portanto, a humanidade é uma questão de grau, não um absoluto. Cabe a nós, coletivamente, na condição de sociedade, decidir como devemos tratar os vários graus de desenvolvimento humano.

Quando as intuições nos enganam

Desde o início, o pré-formacionismo contou com duas vantagens consideráveis sobre a epigênese: seu apelo intuitivo e seu naturalismo. O ponto fraco dessa concepção sempre foi seu fracasso no plano experimental. Melhorias no microscópio deitaram por terra a primeira versão da doutrina (óvulos de Eva). Os experimentos de Driesch com os ouriços-do-mar derrubaram a segunda versão, concebida por Roux. Apesar de suas falhas, o pré-formacionismo permaneceu viável graças a seu apelo intuitivo e ao constante recurso ao sobrenatural por parte de epigenesistas como Driesch. Quando os geneticistas entraram em campo, o pré-formacionismo ganhou um novo alento, pois os genes pareciam representar um bom mecanismo pré-formacionista, que acabou expressado por duas metáforas sedutoras: a das receitas e a dos programas genéticos. Por ser apenas metafórica, a terceira encarnação do pré-formacionismo é intrinsecamente mais difícil de testar. Contudo, uma compreensão adequada da epigenética bastaria para condenar a tese pré-formacionista.

O termo "epigenética" deriva de "epigênese", e não, como muitas vezes se pensa, de "genética".[29] Conrad Waddington, que cunhou o neologismo na década de 1940, tinha em mente uma forma naturalista (não sobrenatural) de epigênese na qual os genes teriam lugar de destaque.[30] Mas o papel previsto por Waddington para os genes se aproxima muito mais da concepção da célula executiva que da do gene (ou genoma) executivo.[31] Para ele, os genes seriam tão afetados pelo ambiente celular quanto este por aqueles.[32]

Desde então, muita coisa aconteceu no campo epigenético, e a tentação de enxergar a epigenética através de um prisma pré-formacionista continua forte. A metáfora do programa genético/epigenético se presta muito bem a esse fim. Contudo, a epigenética moderna, tal como evidenciada no processo de diferenciação celular, abala o pré-formacionismo do programa genético essencialmente porque se contrapõe à visão dos genes como o software controlador da maquinaria celular, vista como hardware. A epigenética moderna só faz sentido quando os genes são entendidos como um hardware, tais quais os outros constituintes da célula – a um só tempo instrutores e instruídos, diretores e dirigidos, efeitos e causas.

O desenvolvimento tem de fato certo ar programático, mas só é algo programado no sentido mais frágil do termo. A diferenciação, por exemplo, é um processo ordenado resultante de interações locais entre células. O que define se uma determinada célula-tronco embrionária dará origem a cones ou fibras musculares cardíacas é o histórico dessas interações locais. Além disso, as células-tronco podem induzir a desdiferenciação dos tipos celulares diferenciados, especialmente em células cancerosas. Essa desdiferenciação é muitas vezes chamada de reprogramação.[33] Mas está bastante claro que a "reprogramação" não é algo feito *pelos* genes, mas algo que é feito *a* eles. O mesmo vale para a chamada programação da diferenciação celular normal. Contudo, toda essa discussão sobre programas e reprogramação só serve para nos afastar das interações celulares que estão na raiz não só do desenvolvimento normal, como também do câncer, tema do próximo capítulo.

11. Reze pelo diabo

O FILÓSOFO INGLÊS Thomas Hobbes provavelmente é mais conhecido por sua visão pessimista da existência humana, que seria "sórdida, embrutecida e curta".[1] Posso imaginar o que ele teria dito sobre a vida dos diabos-da-tasmânia, em comparação com a qual a condição humana é idílica. Para essas criaturas mal-humoradas de uma ilha no sul da Austrália, a vida sem dúvida é mais sórdida, mais embrutecida e curta que a nossa. Sendo que nos últimos tempos tornou-se ainda mais breve.

Os diabos-da-tasmânia nascem num estado muito incipiente de desenvolvimento, mesmo para os padrões dos marsupiais, bem mais baixos que o da maioria dos mamíferos. Os diabinhos nascem minúsculos, do tamanho de um grão de arroz. Assim, o percurso da vagina até o marsúpio, ainda que tenha pouco menos de nove centímetros, é uma jornada épica através de uma floresta de pelos gigantes. E é também uma corrida de vida ou morte. As fêmeas têm entre trinta e quarenta filhotes por gestação, embora tenham apenas quatro mamilos. Os quatro primeiros a chegar vencem o desafio; todos os outros morrem. É compreensível que, tendo alcançado o mamilo, o filhote o agarre como um carrapato e passe semanas sem o soltar.

Para os que chegam até esse ponto, os meses seguintes são de relativa felicidade. Depois que soltam o mamilo, os filhotes continuam seguros na bolsa e, mais tarde, ainda contam com certa segurança em suas tocas. Mas então chega a hora em que os jovens diabos devem se virar por conta própria, saindo em busca de comida e de parceiros de acasalamento, desafios tumultuosos e marcados pelo conflito.

A primeira parte do nome científico do diabo-da-tasmânia é *Sarcophillus*, termo latino que significa "amigo da carne", e o animal de fato consome ampla variedade de carnes, principalmente carniça. Uma carcaça grande, como a de um canguru, pode reunir vários diabos. O resultado é um ruidoso entrevero; um dos sons produzidos pelos animais agitados são seus gritos de dar calafrios, que muitos acreditam estar na origem da reputação demoníaca desses seres (outros atribuem a denominação diabólica ao fato de o animal ficar com as orelhas rubras quando exaltado). Durante essas interações agressivas, os diabos-da-tasmânia também podem emitir odores fétidos comparáveis aos do gambá.

Mas a agressividade desses animais não se limita a seu repertório vocal e olfativo. As mordidas do diabo-da-tasmânia também fazem um belo estrago, pois sua força é proporcionalmente maior que a de qualquer outro mamífero, excedendo mesmo a da hiena malhada.[2] Cicatrizes no traseiro são frequentes, pois os diabos sabem virar as costas para a carcaça, protegendo a cabeça e a face. Mas essa técnica só funciona até certo ponto. Vencidos pela fome, os demônios acabam mordidos na face durante esses encontros. Além do mais, as mordidas na face também acontecem durante a corte, que é violenta. Essas criaturas são essencialmente solitárias e nunca estão confortáveis na companhia umas das outras, seja em busca de alimentos, seja em busca de sexo. Por sorte, os ferimentos dos diabos-da-tasmânia se curam com incrível rapidez, mesmo quando são enormes feridas abertas. Pelo menos era assim até pouco tempo atrás.

O câncer dos infernos

Em 1996, um fotógrafo da vida selvagem, enquanto trabalhava no Mount Williams National Park, observou vários diabos-da-tasmânia com estranhos tumores na face e na boca. Pouco depois, biólogos que trabalhavam na região começaram a ver um número cada vez maior de indivíduos afetados. Em 2002, a doença já era epidêmica na maior parte do território habitado pela espécie.[3] Os tumores, como se descobriu, eram uma estranha forma de câncer que recebeu o nome de doença do tumor facial do diabo, ou DFTD. Esse câncer de crescimento rápido acaba por obstruir a boca de tal modo que o animal afetado morre de inanição, o que costuma levar vários meses. Nos últimos dez anos, a moléstia provocou uma queda vertiginosa da população de diabos-da-tasmânia, e não há sinal de que esse ritmo esteja se reduzindo. Se a tendência se mantiver, a espécie logo estará extinta.

Por que esse mal se abateu de forma tão repentina sobre tantos animais? Cânceres não são como vírus – temos a sorte de não conhecer nenhuma epidemia de câncer –, embora pareça que é exatamente isso o que acontece com os diabos-da-tasmânia. Uma epidemia de câncer só pode ocorrer se a doença for infecciosa. Mas esses tumores infecciosos não são transmitidos por vírus nem por qualquer outro vetor; são transmitidos diretamente de um animal a outro nas interações agressivas que se dão diante de uma carcaça, ou durante a pouco convencional corte. Quando um indivíduo infectado morde outro, algumas das células cancerosas passam do mordedor ao mordido.[4] Essa é uma verdadeira história de terror. O DFTD é um câncer parasitário.

Em certo sentido, porém, todos os cânceres são parasitários. Nosso sistema imunológico às vezes trata as células cancerosas como invasores externos. Somente aquelas que, por meio de diversos truques, despistam ou desativam o sistema imunológico chegam a formar tumores. As células cancerosas que escapam de nossas defesas disputam os recursos do organismo com as células normais circundantes, como faz qualquer parasita.

Mas o DFTD deveria estar em grande desvantagem comparado aos cânceres originados no próprio corpo de um diabo-da-tasmânia: células vindas de fora do organismo deveriam ser mais fáceis de identificar – e portanto de destruir – pelo sistema imunológico. Contudo, as defesas do animal parecem não esboçar nenhuma reação contra os elementos invasores. Assim, deve haver algo de errado com as reações imunológicas do marsupial. Não se trata de uma deficiência generalizada do sistema, que, como é de esperar, funciona muito bem na maioria dos casos: dada sua alimentação e os ferimentos frequentes, um diabo-da-tasmânia imunologicamente debilitado não duraria muito.

O problema, ao que parece, está na fase de reconhecimento. O sistema imunológico do animal simplesmente não é capaz de identificar as células cancerosas vindas de fora como elemento estranho àquele indivíduo. A distinção entre o que faz e o que não faz parte do organismo é fundamental para as reações imunológicas. Essa é a razão pela qual rejeitamos órgãos transplantados, mesmo quando os doadores são parentes próximos.

O sucesso dos transplantes, incluindo enxertos de pele, depende de altas doses de imunossupressores. Às vezes, quando o processo de reconhecimento falha, o sistema imunológico ataca células saudáveis que têm marcadores identificando-as como parte daquele indivíduo. O resultado dessa hipervigilância são as doenças autoimunes, como a artrite reumatoide e o lúpus. O problema do diabo-da-tasmânia é o inverso, seu sistema imunológico é permissivo demais.[5]

Esse ponto cego nas reações imunológicas é atribuído a um afunilamento genético ocorrido algum tempo depois da última era do gelo, talvez até no século XX. Em algum momento, a população de diabos-da-tasmânia pode ter se reduzido a alguns poucos indivíduos, eliminando assim, pelos cruzamentos consanguíneos, quase toda variação genética da espécie, mesmo muitas gerações depois. Algo similar ocorreu com os guepardos, que também exibem pouca variação genética, aceitam enxertos de outros indivíduos e, presume-se, seriam vulneráveis a um câncer contagioso como esse.[6]

O DFTD se parece muito com um câncer dos cães conhecido como tumor venéreo transmissível canino (CTVT), que também passa diretamente de um indivíduo para outro, nesse caso, por via sexual.[7] Mais uma vez, o sistema imunológico não consegue identificar as células tumorais vindas de fora como elementos estranhos. Mas os cachorros doentes acabam preparando uma reação imunológica que elimina o câncer por completo[8] (uma vez recuperado, o animal ficará imune a novas infecções por toda a vida). Infelizmente, os diabos-da-tasmânia não têm a mesma sorte, sinal de que o problema com suas reações imunológicas ao DFTD vai além de uma deficiência na fase de reconhecimento.

O câncer e as células-tronco

Por mais que o câncer dos diabos-da-tasmânia seja bizarro e fora do comum, as células tumorais em si são bastante comuns. Por exemplo, seu grau de diferenciação é muito reduzido, isto é, elas guardam certas semelhanças com as células-tronco somáticas. Como também é característico das células cancerosas, porém, as células do DFTD apresentam alguns dos atributos dos tipos celulares a que deveriam ter dado origem. Outro traço típico é o rearranjo dos cromossomos nessas células tumorais, que, além disso, perderam um par de cromossomos inteiro.[9] As deleções (e adições) cromossômicas são comuns nas células cancerosas, seja qual for sua origem.

Há duas teses principais sobre as transformações celulares que constituem o câncer. A visão tradicional, brevemente debatida no Capítulo 10, é que as células cancerosas se originam de células plenamente diferenciadas, como as da pele ou os neurônios. Por um processo de desdiferenciação, elas ganhariam uma capacidade de se proliferar semelhante à das células-tronco.[10] Isso explicaria também por que os tumores conservam algumas das características das células que lhe deram origem. Acredita-se que o câncer dos diabos-da-tasmânia teria se originado de determinado tipo de tecido neural que controla o sistema endócrino (hormonal). Essa crença se baseia em determinadas assinaturas químicas desse tecido.[11]

Recentemente, foi proposta uma alternativa à tese da desdiferenciação. De acordo com a nova concepção, as células cancerosas seriam derivadas de células-tronco somáticas defeituosas.[12] Segundo essa teoria, a razão pela qual as células de câncer parecem as células-tronco é que *foram* justamente elas que lhes deram origem. Depois de nascerem como células-tronco somáticas normais, elas sofreram um desvio, transformando-se em células-tronco cancerosas. Na verdade, apenas uma pequena parte das células cancerosas conserva as propriedades das células-tronco; e, tal como estas, elas sofrem divisões celulares assimétricas, que dão origem a uma nova célula-tronco cancerosa e a outra célula de câncer mais diferenciada. Esta, por sua vez, passa pela forma simétrica de divisão, típica de todas as células não tronco. O resultado final é um tumor formado por um pequeno número de células-tronco de câncer e uma grande quantidade de células cancerosas que são, em graus variados, mais diferenciadas. Nessa perspectiva, a meta de qualquer intervenção terapêutica deveria ser o ataque a essas células-tronco tumorais relativamente pouco numerosas.

Posso resumir as diferenças entre as duas teorias explicativas do câncer, a da desdiferenciação e a das células-tronco, do seguinte modo: na primeira, as células cancerosas regridem em direção a um estado mais indiferenciado, na segunda, elas avançam a partir de uma forma indiferenciada anterior. As duas explicações não são mutuamente excludentes. Muitos cânceres de próstata exibem sinais de desdiferenciação.[13] Por outro lado, cânceres do sangue, como a leucemia, podem ser mais bem-explicados pela teoria das células-tronco.[14]

Os genes do câncer e os cromossomos caprichosos

As teorias da desdiferenciação e das células-tronco dizem respeito ao que chamo de "dinâmica do câncer". As hipóteses de que tratarei a partir de agora se referem aos mecanismos subjacentes a essa dinâmica. A maioria dessas hipóteses é compatível com as visões da dinâmica do câncer da teoria da desdiferenciação e das células-tronco.

O que, inicialmente, faz uma célula se tornar cancerosa? Durante os últimos quarenta e poucos anos, a resposta para essa pergunta tem sido procurada em algum tipo de alteração genética sofrida por uma única célula, provocando sua proliferação anormal. Novas mutações vão se acumulando à medida que a população celular se expande, levando à heterogeneidade genética do câncer. Esses clones genéticos diferentes competem entre si e se tornam cada vez mais virulentos, culminando numa metástase. Assim, do início ao fim, do primeiro foco aos tumores metastáticos, a doença é uma questão de alterações genéticas. Essa tese é conhecida como *teoria da mutação somática* (SMT).[15] Segundo a SMT, o câncer é um caso de evolução em pequena escala.

Desde o advento dessa teoria, foi descoberta mais de uma centena de oncogenes humanos (*onco* = "câncer"). Quando passam por mutações que os fazem se expressar em níveis mais altos que o normal, os oncogenes promovem uma proliferação celular semelhante à observada no câncer. Foram descobertos também mais de trinta genes supressores tumorais, que, como o nome indica, suprimem a proliferação celular. Mutações nesses genes que os tornem menos ativos também estão associadas ao câncer. Elas podem ser espontâneas – isto é, essencialmente aleatórias – ou ocorrer em resposta a toxinas ambientais como a fumaça de cigarro, os pesticidas ou a radiação ultravioleta, fatores aos quais nos referimos como carcinógenos.

Na perspectiva da SMT, um carcinógeno é um indutor de mutações, e o tratamento do câncer deve ter por objetivo a eliminação das células mutantes. Se a origem das mutações estiver nas células-tronco cancerosas, estas devem constituir o foco terapêutico. O arsenal-padrão de tratamentos oncológicos, incluindo a remoção cirúrgica, a radiação e a maior parte das formas de quimioterapia, se baseia no modelo da SMT.

O câncer colorretal é o exemplo paradigmático da SMT.[16] Esse câncer tem início com a mutação de um oncogene, e cada estágio de sua progressão é acompanhado de novas mutações. A doença dos diabos-da-tasmânia também parece se encaixar bem na SMT. O DFTD é o vencedor do processo de seleção clonal, que desenvolveu um meio de se transmitir de um indivíduo para outro. Mas o fato é que a transmissibilidade do câncer dos diabos não é prevista pela teoria. O processo de transmissão envolve adaptações ao sistema imunológico, enquanto a SMT tem como foco principal os oncogenes e os genes supressores tumorais, nenhum dos quais envolvido nessas adaptações. Além disso, as terapias de base imunológica foram, na verdade, motivadas por uma interpretação do câncer que difere substancialmente da SMT, da qual tratarei adiante.

Há uma segunda teoria genética do câncer, ainda mais antiga que a SMT, mas que nunca foi tão popular. Essa concepção enfatiza sobretudo as anormalidades cromossômicas tão características das células cancerosas, entre as quais se inclui a perda ou o acréscimo de cromossomos inteiros. A alteração no número de cromossomos é chamada *aneuploidia*, de modo que essa visão é muitas vezes conhecida como "teoria aneuploide do câncer".[17] De acordo com a SMT, a aneuploidia é um efeito secundário da doença. Já para os partidários da teoria aneuploide, os rearranjos de cromossomos são fundamentais. Essa hipótese propõe que o início e o avanço do câncer se devem mais aos cromossomos anormais que a mutações em oncogenes específicos.

A aneuploidia afeta a regulação de muitos genes, o que produz mais aneuploidia, levando a uma desregulação gênica ainda maior, e assim sucessivamente. Um dos traços desviantes que resultam dessa desregulação é o aumento na proliferação das células afetadas. Mas o que desencadeia o processo? Segundo a hipótese aneuploide, trata-se de um problema com os genes responsáveis pela conservação da integridade dos cromossomos durante a divisão celular.[18] Nessa perspectiva, o avanço de um câncer se deve à progressiva desregulação gênica resultante de uma aneuploidia cada vez mais acentuada. Em defesa dessa ideia, os partidários da teoria aneuploide citam o fato de que as células cancerosas não sofrem mais mutações que as normais, mas apresentam níveis bem mais elevados de rearranjos cromossomiais.[19]

Tal como a SMT, a hipótese aneuploide é neutra quanto à questão de se a desestabilização cromossômica inicial ocorre em células-tronco somáticas ou em células plenamente diferenciadas. Essa teoria tampouco oferece outras opções terapêuticas.

O câncer do diabo-da-tasmânia representa um problema para essa hipótese, ainda que não por falta de aneuploidia: nas células cancerosas do marsupial, a aneuploidia é acentuada. A questão é que todas as células do DFTD são aneuploides. Outro problema para a teoria é que essas células são aneuploides assim há muitos anos. O DFTD é extremamente estável no plano celular. Trata-se, na verdade, de uma linhagem celular muito mais antiga que qualquer animal vivo da espécie.[20] Segundo a concepção aneuploide, isso não deveria acontecer. O já descrito processo de feedback positivo – entre o aumento da aneuploidia e a intensificação da desregulação gênica – não pode ser detido. Ao contrário, só pode ser acelerado. Assim, a teoria aneuploide prevê rearranjos cada vez maiores nos cromossomos e uma variabilidade crescente nos rearranjos cromossômicos ocorridos nas células de determinado tumor.

A falta de variação entre as células do DFTD é problemática para a SMT também. Por outro lado, essa menor variabilidade, aliada à sua capacidade de transmissão, provavelmente é o que mais distingue esse tipo de câncer dos outros tipos mais comuns. É possível que as duas qualidades – estabilidade celular e transmissibilidade – estejam relacionadas. Quanto a isso, é interessante observar que as células do tumor venéreo transmissível canino (CTVT) se mantêm estáveis há centenas, talvez milhares, de anos. Aliás, o CTVT pode ser a linhagem celular mais antiga entre os mamíferos.[21]

A dimensão epigenética

Tanto a teoria da mutação somática quanto a teoria aneuploide do câncer têm as alterações genéticas como foco principal. Ambas foram formuladas antes do advento da epigenética. Quando começaram a procurar modificações epigenéticas nas células cancerosas, os pesquisadores da doença logo as encontraram. Primeiro, descobriu-se que os genes das células do câncer apresentam mudanças características em seus padrões de metilação, incluindo uma redução geral desta.[22] A hipometilação global é um dos melhores indicadores para o diagnóstico precoce do câncer. Genes que normalmente são suprimidos entram em atividade, incluindo oncogenes. Em seguida, ocorrem também mudanças específicas na metilação dos oncogenes e dos genes supressores tumorais. Há ainda outras alterações epigenéticas comuns no câncer, como o desligamento de histonas do DNA, que provoca um aumento na atividade dos genes afetados.

Os defensores da SMT e da teoria aneuploide não negam que os processos epigenéticos desempenham um papel no câncer, mas o consideram secundário em relação às alterações genéticas. Outros pesquisadores, porém, veem as alterações como primárias em muitos casos.[23] Na concepção epigenética, o câncer acima de tudo é o resultado de falhas na regulação gênica. Às vezes a regulação defeituosa é causada por mutações, outras, por epimutações. Estas são muitas vezes confundidas com mutações, em especial quando afetam oncogenes ou genes supressores tumorais. Muitos cânceres exibem uma regulação deficiente de oncogenes e/ou supressores, ainda que esses genes não tenham sofrido nenhuma mutação.[24] Sabe-se, hoje, que essas alterações de origem não mutacional na regulação gênica são um fenômeno epigenético.

Na visão epigenética, o câncer se inicia por distúrbios epigenéticos, como, por exemplo, reduções globais na metilação, que são frequentes antes de qualquer mutação conhecida nos oncogenes, incluindo tumorações benignas que precedem o câncer. A hipometilação provoca uma instabilidade nos cromossomos, enfatizada pela teoria aneuploide, além de um aumento na expressão dos oncogenes. Ocorrem, em seguida, mudanças específicas na metilação de determinados genes. Os oncogenes são ainda mais desmetilados, enquanto os genes supressores tumorais são hipermetilados, levando, assim, à inativação dos supressores tumorais.

O avanço do câncer muitas vezes envolve mutações e novas alterações nos arranjos cromossomiais, mas, nessa perspectiva, tais mudanças genéticas são consideradas secundárias em relação às transformações epigenéticas iniciais. Além do mais, as alterações epigenéticas também desempenham um papel importante na progressão da doença. Isto é, o avanço tumoral é, em si mesmo, tanto genético quanto epigenético. Isso vale até mesmo para o câncer colorretal, o exemplo paradigmático da teoria das mutações somáticas. Como já foi anteriormente descrito, cada fase desse câncer é acompanhada de uma nova mutação. Porém, nenhuma mutação específica pode ser associada a cada estágio. Não há nenhuma mutação recorrente à qual possam ser atribuídas as propriedades invasivas do câncer colorretal ou suas metástases em todos ou, ao menos, na maioria dos casos.[25] Por outro lado, essas propriedades foram relacionadas a mudanças específicas na regulação de determinados genes.

Algumas das evidências mais convincentes do primado da epigenética no câncer foram obtidas num estudo sobre a leucemia. Como já foi mencionado, as células da leucemia são altamente aneuploides e mutantes. Ainda assim, podem ser normalizadas por meio de intervenções epigenéticas.[26] Dessa maneira, é possível fazer com que células antes doentes passem a se comportar como leucócitos normais. O mais notável é que a normalização acontece sem que os rearranjos cromossomiais, tradicionalmente tidos como a causa da leucemia, sejam revertidos. A anormalidade genética das células continua, mas elas se comportam como glóbulos brancos normais.

Há uma famosa versão da abordagem epigenética que favorece a teoria segundo a qual a dinâmica do câncer teria por base as células-tronco.[27] Outras versões, porém, são compatíveis com a perspectiva da desdiferenciação. Em qualquer um dos casos, um carcinógeno é algo que altera a regulação epigenética, o que torna essa categoria muito mais ampla em comparação com a teoria da mutação somática. A diferença nas implicações terapêuticas também é notável, pois os processos epigenéticos, ao contrário dos genéticos, são reversíveis, como mostra o impressionante exemplo da leucemia. As formas epigenéticas de intervenção também são mais numerosas, e as pesquisas para o desenvolvimento de terapias de base epigenética estão em franca ascensão.[28] Uma potencial vantagem dos tratamentos epigenéticos sobre a maioria das técnicas atuais é sua melhor sintonia fina, diminuindo os danos às células saudáveis.

A perspectiva epigenética tem também algumas implicações interessantes para os diabos-da-tasmânia. Uma das táticas discutidas na luta para salvar a espécie é uma vacina contra o DFTD. O problema com qualquer tratamento desse tipo está na evolução de variantes genéticas capazes de se esquivar da vacina. Até o momento, não há indícios significativos de variação genética nas células desse câncer, mas alguns pesquisadores começam a se questionar sobre variações epigenéticas.[29] Isso representaria um problema ainda maior que a resistência baseada na evolução genética a que estamos acostumados, pois a evolução epigenética pode ser muito mais rápida. Seria de especial interesse saber se, e como, as variantes epigenéticas funcionam para despistar as reações imunológicas dos marsupiais e os efeitos normalizantes do tecido hospedeiro.

O microambiente do câncer

Tanto as teorias genéticas quanto a maioria das teorias epigenéticas do câncer têm como foco principal o que acontece dentro da célula. Nos últimos tempos, porém, o microambiente da célula cancerosa vem recebendo mais atenção. Esse ambiente apresenta vários aspectos distintos, incluindo o sistema imunológico, a irrigação sanguínea e o tecido normal do qual derivam as células tumorais – todos os quais se tornaram áreas de pesquisa importantes. Tomadas em conjunto, todas essas abordagens microambientais nos afastam ainda mais da SMT. Elas nos convidam a erguer o olhar do interior da célula e observar todo o tecido circundante. É somente dessa perspectiva que poderemos entender certos aspectos do comportamento do câncer, entre os quais a remissão espontânea é um dos mais importantes.

Aqui me concentrarei em uma das abordagens microambientais, a chamada teoria de base tecidual do câncer, segundo a qual a doença decorre de um rompimento nas interações intercelulares normais.[30] Isso é o que podemos chamar de falha na comunicação. A teoria tecidual dá contribuições importantes para complementar e ampliar a abordagem epigenética. Primeiro, fornecendo um mecanismo para as alterações epigenéticas iniciais, tais como a desmetilação, que ocorre no início do desenvolvimento de um câncer. Segundo, fornecendo um modelo para o entendimento das mudanças genéticas e epigenéticas ocorridas durante o avanço da doença. Nessa perspectiva, a dinâmica interna do câncer depende, em larga medida, das células normais de que as células tumorais se originam e com as quais, posteriormente, interagem. Essas interações podem estimular ou interromper o desenvolvimento do câncer, chegando mesmo a eliminar qualquer vestígio de tumor. Já descrevi um exemplo dessa última possibilidade no Capítulo 10.

Lembre-se do estudo no qual células de melanoma maligno foram normalizadas por um microambiente de células-tronco embrionárias. Na perspectiva da SMT, estamos diante de um mistério. Já do ponto de vista tecidual, não há nada de misterioso nesse fato, que se enquadra no comportamento normal do câncer. Contudo, o ambiente das células-tronco embrionárias apresenta muitos aspectos peculiares. Portanto, é notável que outros estudos tenham revelado que o câncer pode ser normalizado por tecidos plenamente diferenciados.

Mary Bissell e seus colegas da Universidade da Califórnia, Berkeley, construíram um ambiente artificial de tecido mamário simulando, em três dimensões, as propriedades básicas da mama. Então os pesquisadores introduziram células de câncer no ambiente e aguardaram para ver o que aconteceria. O resultado foi uma surpresa para muitos, mas não para Bissell: as células cancerosas haviam se normalizado.[31] Elas perderam sua natureza maligna, em parte por meio de interações com células mamárias saudáveis, dispostas segundo a arquitetura normal do tecido. Outro fator importante, porém, foi a composição química da matriz extracelular, o gel onde as células estão imersas. Essa matriz é um dos principais meios pelos quais as células interagem umas com as outras tanto no desenvolvimento normal quanto no câncer.

É importante ressaltar que Bissell chegou à pesquisa do câncer vinda da biologia do desenvolvimento, portanto, com um bom conhecimento dos tipos de interação celular envolvidos no desenvolvimento normal. Para ela e para outros adeptos da teoria tecidual, a doença deve ser entendida como uma perturbação do desenvolvimento normal, um distúrbio que, em alguns casos, se corrige sozinho. A autocorreção pode acontecer tanto no ambiente das células-tronco quanto em tecidos plenamente diferenciados.

O câncer, nessa visão microambiental, resulta de uma perturbação nas interações intercelulares normais. Essa perturbação altera o ambiente interno das células, o que resulta na hipometilação e em outras mudanças epigenéticas. Um carcinógeno, desse ponto de vista, age perturbando as interações celulares normais em um tecido. Essa concepção permite, em tese, uma detecção bem mais precoce do câncer que a permitida pela SMT, já que bastaria monitorar a arquitetura dos tecidos. Além disso, o foco dos tratamentos contra o câncer deveria estar mais em ajudar as populações celulares normais a lidar com o problema. Isso é o contrário do que acontece em consequência da radiação e da maioria das formas de quimioterapia.

A teoria tecidual do câncer pode contribuir para lançar alguma luz sobre o mal que aflige os diabos-da-tasmânia. Visto dessa perspectiva, o DFTD representa um notável desafio para a normalização. Antes de desenvolver a transmissibilidade, esse câncer teve de escapar da influência normalizante dos tecidos saudáveis do animal em que se desenvolveu pela primeira vez. Esse é um pré-requisito para a formação de metástases. Os tumores foram então transmitidos no estado metastático. As células cancerosas metastáticas não se apresentam tão organizadas quanto as de um câncer em estado inicial; na verdade, cada uma delas funciona mais como um organismo individual. Assim, as células do DFTD são imunes até à influência umas das outras. São verdadeiros agentes livres com os quais os tecidos normais da face e da boca dos marsupiais afetados precisa lidar em separado.

Evidentemente, quanto menor o número de células tumorais com que o animal infectado tiver de lidar, melhor. No entanto, mesmo em quantidades bastante reduzidas, as células do DFTD representam um problema para a normalização, pois são derivadas de tecidos diferentes do das células hospedeiras. Assim, as células normais têm maior dificuldade em controlá-las. Isso vale para os cânceres metastáticos em geral. Contudo, mesmo as células formadoras de metástases podem ser normalizadas quando as condições são adequadas.

O padre Damien é mesmo um santo?

Para mim, o padre Damien era mesmo um santo homem. O religioso viveu e exerceu o sacerdócio entre os leprosos da ilha de Molokai, até que ele mesmo sucumbiu à doença. Mas só isso não basta para fazer dele um santo segundo os rigorosíssimos critérios da Igreja católica. Dentre os requisitos há um que, numa perspectiva científica, parece especialmente difícil de cumprir: para alcançar a verdadeira santidade é preciso ser responsável por dois milagres comprovados. Facilitando um pouco as coisas, os milagres podem ser realizados depois da morte do candidato a santo. Foi assim que o padre Damien foi alçado a esse patamar.

Ser considerado responsável pela cura de cânceres em estágio avançado já se transformou em caminho popular para a santidade. O padre Damien é apenas o exemplo mais recente.

A havaiana Audrey Toguchi foi até o túmulo do sacerdote e rezou por sua intercessão junto ao divino a fim de curá-la de um câncer metastático. Na opinião da própria devota e da Igreja católica, as preces foram ouvidas; ela logo se livrou do câncer. Seu médico ficou tão surpreso quanto qualquer um. A Igreja determinou que a remissão não poderia haver ocorrido sem a intervenção miraculosa do padre Damien, e ele foi canonizado.

Se a teoria da mutação somática fosse uma verdade revelada, seria difícil argumentar contra a posição católica. Pela SMT, para desaparecer, um câncer metastático teria de passar por uma série de mutações reversas extremamente improváveis. A defesa da santidade perde muito de sua força, porém, quando encarada do ponto de vista epigenético e, especialmente, da perspectiva microambiental. Por exemplo, o sistema imunológico pode ter socorrido a havaiana no último segundo, de modo semelhante ao que parece ocorrer nos cães com CTVT. Já apresentei também, em linhas gerais, outra maneira pela qual a mulher pode ter se curado. O câncer, mesmo nos estágios mais avançados, pode ser normalizado pela interação com células normais, seja num ambiente de células-tronco, seja num tecido plenamente diferenciado.

A remissão espontânea de cânceres avançados pode acontecer sem a intervenção de nenhum santo, até mesmo em ateus. Embora raro, esse não pode ser considerado um comportamento oncológico anormal, pelo menos na perspectiva microambiental. Que as curas espontâneas possam ser explicadas sem recorrer aos santos, este é um problema para a Igreja católica. Que a remissão espontânea pareça miraculosa da perspectiva da teoria das mutações somáticas, este é um problema para a SMT.

A visão microambiental também oferece alguma esperança aos diabos-da-tasmânia, ainda que a vacina se mostre ineficaz. Drogas estimulantes do sistema imunológico e medicamentos promotores da normalização podem ajudar. Mas o melhor que poderia acontecer à espécie seria desenvolver reações imunológicas ou normalizantes naturais aos tumores, como ocorreu com os cães ameaçados pelo CTVT. Enquanto isso não acontece, não faria mal nenhum rezar pelos diabos.

Diabos e santos

O câncer dos diabos-da-tasmânia é ao mesmo tempo típico e excepcional. Típico no nível celular, por ser aneuploide e pouco diferenciado. Ainda que não possamos ter certeza disso, não há motivo para acreditar que sua origem tenha sido atípica, seja a partir de células-tronco, seja a partir de um tecido plenamente diferenciado. Não há tampouco razão para supor que o mecanismo subjacente à sua transformação em câncer e à progressão da doença necessite de processos diferentes dos observados em outros tumores. Mas são esses processos que mais suscitam disputas.

A SMT se baseia na visão executiva dos genes como diretores celulares, com ênfase nos oncogenes e supressores tumorais. A teoria aneuploide também parte da tese do gene executivo, mas com outro conjunto de agentes genéticos atuando como iniciadores das transformações cancerosas e assumindo, em seguida, uma perspectiva cromossômica mais macroscópica para explicar a continuidade das transformações durante o desenvolvimento do câncer. Na concepção epigenética, nenhuma das teorias genéticas dá conta do primeiro passo do desenvolvimento da doença, um evento epigenético reversível, que antecede qualquer mutação. Nessa perspectiva, até cânceres muito avançados são epigeneticamente reversíveis, dadas as condições adequadas. A concepção microambiental, que inclui as teorias de base tecidual, complementa a abordagem epigenética mostrando que condições são essas. Os modelos epigenético e microambiental do câncer são mais compatíveis com a tese da célula executiva.

O aspecto excepcional, ainda que não único, do câncer dos diabos-da-tasmânia é a transmissibilidade. Podemos considerar esse o próximo estágio depois da metástase, um estágio ao qual, felizmente, a maioria dos cânceres nunca chega. A transmissibilidade parece exigir um grau de estabilidade no nível celular que a maior parte dos cânceres é incapaz de alcançar. É necessário também que o câncer se esquive das reações imunológicas e da influência normalizadora do tecido hospedeiro – ambos fatores microambientais. Dada a capacidade dos microambientes de eliminar ou reverter epigeneticamente até os cânceres mais avançados, há motivos para esperança, ainda que não haja santos a quem recorrer.

Posfácio

O gene de Jano

NESTE BREVE PERCURSO, só houve tempo para tratar de alguns tópicos da nova e fascinante ciência epigenética. Quero, aqui, retomar brevemente alguns temas importantes que emergiram ao longo do caminho.

O primeiro tema diz respeito à natureza dos processos epigenéticos: uma forma de regulação gênica de longa duração. Assim sendo, as alterações epigenéticas exercem efeitos de longo prazo sobre o comportamento dos genes. Aliás, esses efeitos podem ser mais duradouros que as alterações mutacionais sobre a maneira como os genes se comportam. Mas, ao contrário das mudanças provocadas por mutações, as alterações epigenéticas do comportamento gênico costumam ser reversíveis.

O segundo tema é o efeito do ambiente sobre o comportamento de nossos genes, tanto a curto quanto a longo prazo. As influências de longa duração se dão por meio de processos epigenéticos. As alterações epigenéticas de origem ambiental ocorridas no início da vida são de especial importância. Exploramos aqui, principalmente, os efeitos epigenéticos da desnutrição e do estresse sobre o feto e sobre o recém-nascido, além de suas inúmeras consequências na idade adulta. Contudo, nosso ambiente continua a influenciar a epigenética de nossos genes por toda a vida.

O terceiro tema é a aleatoriedade. Os processos epigenéticos, como qualquer evento biológico, apresentam um elemento aleatório que por vezes assume grande importância. Isso vale, por exemplo, para a metilação do locus agouti, que afeta não apenas a coloração, como também a tendência à obesidade, ao diabetes e ao câncer em camundongos. A inativação do cromossomo X é outro processo epigenético em que o acaso desempenha papel de destaque. Nesse caso, aliás, podemos dizer que a aleatoriedade é adaptativa. Sem ela não poderia existir nenhuma mulher super X.

Os clones, tanto os naturais, como os gêmeos monozigóticos, quanto os fabricados, como Cc, a gata tricolor, estão longe de ser cópias perfeitas. Há uma série de razões para isso, algumas das quais epigenéticas. No caso de Cc, a inativação aleatória do cromossomo X provocou uma significativa divergência de coloração entre a mãe e a filhote clonada, a tal ponto que esta não possuía um dos pigmentos maternos.

As diferenças epigenéticas, tanto aleatórias quanto induzidas pelo ambiente, são evidentes nos gêmeos monozigóticos. Começamos este livro com um caso especialmente impressionante de diferença epigenética entre clones humanos em relação à síndrome de Kallmann. Outros exemplos de divergência entre clones incluem a doença de Alzheimer, o lúpus, o câncer e a percepção cromática.

Algumas alterações genéticas no comportamento dos genes têm efeitos que ultrapassam o tempo de vida de um indivíduo. Esse é o tema número quatro. O efeito dessas mudanças epigenéticas transgeracionais pode ser direto ou indireto. Os efeitos diretos ocorrem quando a marca epigenética é transmitida diretamente dos pais para os filhos, pelos óvulos ou espermatozoides. Isso é o que eu chamo de "herança epigenética verdadeira". Esse tipo de herança pode acontecer em mamíferos, como nós, mas isso é raro. Os efeitos transgeracionais indiretos são muito mais comuns.

O mais direto desses efeitos epigenéticos transgeracionais indiretos é o imprinting genômico, no qual a marca epigenética original do progenitor é reproduzida na prole com muita fidelidade. Bem mais indiretos são os efeitos transgeracionais observados no comportamento materno e na reação ao estresse dos ratos. Nesses roedores, as alterações epigenéticas que influenciam tais comportamentos são recriadas por meio das interações sociais que tanto as influenciam quanto sofrem sua influência. Esse efeito transgeracional constitui um círculo de feedback positivo envolvendo a ação dos genes e as interações sociais. Sejam diretas ou indiretas, essas influências epigenéticas que passam de geração em geração deveriam servir para ampliar nosso conceito de hereditariedade.

O quinto e último tema é, na verdade, um metatema englobando os quatro anteriores. Esse metatema diz respeito a algumas de nossas intuições básicas sobre o papel dos genes na explicação de processos biológicos que vão da síntese proteica à diferenciação celular e ao câncer. Tradicionalmente, os genes são vistos como executivos bioquímicos que iniciam e dirigem esses processos, distinguindo-se de todos os outros agentes bioquímicos da célula, que funcionam mais como operários. Usei a metáfora da produção teatral, da peça de teatro, para ilustrar essa visão: os genes seriam os diretores, as proteínas, os atores e todos os outros elementos bioquímicos atuariam como contrarregras. Numa perspectiva alternativa, que adotamos aqui, esse espetáculo tem uma dose maior de improviso e os genes se assemelham mais aos membros de um coletivo de atores que inclui também as proteínas e outros agentes bioquímicos. Durante a síntese proteica, as ações dos genes são tanto causa quanto efeito; e na diferenciação celular, seja esta normal ou patológica, a atividade genômica é ao mesmo tempo causa e efeito.

Nessa concepção alternativa, os genes têm duas faces, dois aspectos, como Jano, o deus romano das portas e dos portões, das entradas e saídas, dos começos e dos fins. Apenas um aspecto, a face causal, voltada para fora, é reconhecido pela perspectiva tradicional. O resultado é uma visão simplista e distorcida dos genes e de sua ação, pois estes têm também outro aspecto, uma face voltada para dentro e reativa. Esse aspecto reativo do gene de Jano é enfatizado pela pesquisa epigenética, que, embora ainda no início, já deu magníficos frutos.

Notas

Prefácio (p.7-13)

1. Christian, Bixler et al. (1971).
2. Schwanzel-Fukuda, Jorgenson et al. (1992); Whitlock, Illing et al. (2006).
3. Ver, por exemplo, Bianco e Kaiser (2009) para uma revisão recente da síndrome de Kallmann.
4. Hipkin, Casson et al. (1990). French, Venu et al. (2009) têm outro estudo de caso de divergência entre gêmeos em relação à síndrome de Kallmann, mas trata-se de uma divergência não tão acentuada.
5. Ver, por exemplo, Wong, Gottesman et al. (2005).
6. Essa é uma caracterização da epigenética em sentido estrito, e será esta a definição usada ao longo deste livro. A epigenética em sentido lato não se limita a alterações no DNA. Ver Jablonka e Lamb (2002) para uma boa revisão histórica e conceitual do termo.
7. Ver os seguintes títulos a respeito das fontes de divergência epigenética: para o lúpus, Ballestar, Esteller et al. (2006); e para a doença de Alzheimer, Mastroeni, McKee et al. (2009). Singh e O'Reilly (2009) fornecem evidências de divergência epigenética em gêmeos monozigóticos em relação à esquizofrenia; ver também Kato, Iwamoto et al. (2005).

1. O efeito avó (p.15-23)

1. Stein e Susser (1975).
2. Esse estudo longitudinal ainda em curso é uma colaboração internacional, envolvendo vários departamentos do Centro Médico Acadêmico em Amsterdã e do Medical Research Council (MRC), da Universidade de Southampton, na Inglaterra.
3. Smith (1947).
4. Stein, Susser et al. (1972); Ravelli, Stein et al. (1976).

5. Hoch (1998). Sobre a associação entre fome e depressão, ver Brown, Van Os et al. (2000); entre fome e distúrbios de personalidade antissocial em homens, ver Neugebauer, Hoek et al. (1999).
6. Stein, Ravelli et al. (1995); Lumey e Stein (1997); Lumey (1998).
7. Ravelli, Van der Meulen et al. (1998); Roseboom, Van der Meulen et al. (1999, 2000a, 2000b); Painter, Roseboom et al. (2005).
8. Roseboom, De Rooij et al. (2006).
9. Tobi, Lumey et al. (2009).
10. Painter, Osmond et al. (2008).

2. Diretores, atores e contrarregras (p.24-39)

1. Allen (1978) é uma excelente biografia de Morgan, da qual esse debate muito se beneficiou.
2. As publicações originais foram Watson e Crick (1953a, 1953b). Posteriormente, Watson escreveu um relato sobre essa pesquisa – na sua perspectiva – para o público leigo (Watson, 1968), com uma quantidade de fofocas raras nesse tipo de memória científica.
3. A formulação original – de George Beadle e Edward Tatum – era na verdade "um gene = uma enzima" (Beadle e Tatum, 1941). No fim da década de 1950, isso foi modificado para "um gene = um polipeptídeo (proteína)", para incluir as proteínas não enzimáticas.
4. O processamento pós-traducional deve, na verdade, ser considerado o terceiro estágio da síntese proteica, pois é raro que os produtos da tradução sejam funcionais. Durante esse processamento, são operadas muitas modificações na protoproteína para transformá-la em algo útil do ponto de vista fisiológico. Um bom exemplo é a protoproteína formada a partir do modelo fornecido pelo gene da pró-opiomelanocortina (Pomc). A protoproteína Pomc é clivada em um dentre vinte tipos diferentes de proteínas hormonais, dependendo da classe de célula em que se encontra. Nas células de um dos lobos da hipófise (pequena glândula endócrina na base do cérebro), a clivagem da Pomc dá origem ao hormônio adrenocorticotrófico (ACTH), que atua na reação ao estresse. Em células de outra parte da hipófise, a protoproteína se divide formando o opioide β-endorfina. Nas células da pele, o Pomc forma o hormônio estimulante dos melanócitos, que promove a produção do pigmento negro

melanina. Os produtos proteicos do gene Pomc não são mera função de sua sequência de bases, sendo determinado no nível celular.

Outros tipos de processamento pós-traducional nos levam ainda mais longe da sequência de bases do DNA. Às vezes, o aminoácido codificado é convertido quimicamente em outro aminoácido que não havia sido codificado. Em outros casos, um aminoácido é substituído por outro na protoproteína. Não raro, o aminoácido substituto não é sequer um dos vinte para os quais existe um código. Em casos assim, a relação entre a sequência de bases do DNA e a sequência de aminoácidos da proteína é alterada no nível celular.

5. A tese da célula executiva aqui adotada tem uma longa história na biologia. Não se pode deixar de mencionar Ernest Everett Just (1883-1941), um de seus primeiros proponentes; ver, por exemplo, Just (1939). Ele formulou uma concepção de ação e reação gênica (interações citoplasma-núcleo) bem semelhante ao que defendemos aqui (ver, por exemplo, Sapp, 2009, e Newman, 2009).
6. Mesmo nos dois primeiros estágios da síntese proteica, o processo é moldado de modo dependente da célula. O estágio 1, a transcrição (ver Figura 2, p.34), é na verdade um processo de duas fases. A primeira é a formação de um RNA pré-mensageiro. A segunda é a transformação do pré-mRNA em mRNA final, o tipo de RNA que de fato servirá como modelo para a construção de uma protoproteína. Muita coisa acontece durante essa segunda etapa. Na verdade, cada gene consiste em duas ou mais regiões codificantes independentes, chamadas éxons, separadas por trechos não codificantes chamados íntrons. Todo esse conjunto – os éxons e os íntrons – é transcrito no pré-mRNA; então, na transcrição seguinte, os trechos intrônicos do RNA são removidos, e os éxons, unidos. No caso de muitos genes, os éxons podem ser unidos em pontos diferentes, sendo que cada variante constitui uma proteína diferente. É o que chamamos de *junção alternativa*, mais uma forma pela qual proteínas diferentes podem ser construídas a partir de um mesmo gene. A junção alternativa é apenas uma das maneiras pelas quais o transcrito inicial é modificado de acordo com o ambiente celular. Em seguida, ocorre a edição do RNA. Durante esse processo, algumas bases da sequência do mRNA sofrem uma conversão química, transformando-se em outras bases não codificadas no DNA. Assim, nem mesmo a correspondência entre as sequências de bases do DNA e do mRNA é sempre de um para um.

7. Ver, por exemplo, McClellan e King (2010) e Galvan, Falvella et al. (2010).
8. Ver, por exemplo, Rakyan, Blewitt et al. (2002) e Hatchwell e Greally (2007).
9. Griffiths e Neumann-Held (1999); Beurton, Falk et al. (2000); Stoltz, Griffiths et al. (2004); Rheinberger (2008); Portin (2009).
10. Os genes que não codificam proteínas são muitas vezes chamados de "genes de RNA".
11. O termo *painel de controle* é pura metáfora e seu propósito é auxiliar a intuição dos não biólogos no que se refere à regulação gênica do tipo feijão com arroz. Além do quê, não precisa haver contiguidade física entre os elementos regulatórios que constituem o painel. Por fim, alguns ou todos os elementos que formam o painel de controle de um determinado gene podem atuar também na regulação de outros genes.

3. Os esteroides e seus efeitos (p.40-51)

1. Guerriero (2009) resume os conhecimentos acerca da distribuição dos receptores de androgênios no cérebro.
2. Para um exemplo obtido em estudos com peixes, ver Hannes, Franck et al. (1984). Burmeister, Kailasanath et al. (2007) registraram uma baixa nos níveis dos receptores de androgênios em resposta a uma queda no status social. A melhor evidência desse efeito em seres humanos provém de estudos com atletas realizados depois de competições. No caso dos tenistas, Booth, Shelley et al. (1989) registraram uma queda nos níveis de testosterona naqueles que perderam uma partida e uma elevação nos vencedores. Mas o efeito do resultado das competições (ou das interações agressivas, em outros animais) sobre os níveis de testosterona é, na verdade, bastante complexo. Ver, por exemplo, Suay, Salvador et al. (1999). A versão que apresento aqui é simplificada.
3. Mais exatamente, os níveis de GT na hipófise são controlados por uma pequena população de neurônios situada no hipocampo, na chamada área preóptica (POA); ver, por exemplo, Francis, Soma et al. (1993).
4. Na literatura científica, o hormônio liberador de gonadotrofina é representado pelo acrônimo GnRH, não GTRH. Uso GTRH em parte para facilitar a assimilação pelos não iniciados e em parte por coerência com a sigla-padrão para a gonadotrofina (GT).

5. Para explicações mais detalhadas da relação entre dominância, testosterona e níveis de GTRH, ver Francis, Jacobson et al. (1992).
6. Francis, Soma et al. (1993).
7. White, Nguyen et al. (2002). Inicialmente, porém, há um aumento temporário na atividade do gene GTRH nos homens que estão passando por uma transição para uma posição social mais baixa (Parikh, Clement et al., 2006), de modo que o efeito do status social sobre o gene GTRH é complexo. É bem possível que sua transcrição seja menos afetada do que sua tradução. Nem todos os RNAs mensageiros são traduzidos em protoproteínas; muitas vezes, são produzidos mais mRNAs do que proteínas (neste caso, GTRH). O mRNA excedente se degrada. No caso do gene GTRH, a taxa de degradação pode estar relacionada ao status social. O RNA pode se degradar de maneira mais intensa nos machos não territoriais do que nos territoriais.
8. Renn, Aubin-Horth et al. (2008).
9. Sobre a mudança nos genes dos receptores de androgênios, ver Burmeister, Kailasanath et al. (2007); sobre a mudança nos genes dos receptores de GTRH, ver Au, Greenwood et al. (2006).

4. O gene bem-socializado (p.52-69)

1. Após assistir a *O francoatirador* em março de 1979, Jan Scruggs, veterano da Guerra do Vietnã, teve a ideia de construir um memorial com os nomes de todos aqueles que morreram durante os conflitos (Ashabranner, 1988).
2. Glicocorticoides como o cortisol, ao contrário da testosterona, também exercem efeitos através de duas vias não genômicas – a primeira são as interações proteína-proteína com outros fatores de transcrição (ver, por exemplo, Revollo e Cidlowski, 2009), a segunda se dá por meio de receptores não nucleares. Acredita-se que esta última via esteja por trás das reações mais rápidas a esses hormônios (Evanson, Tasker et al., 2010).
3. Outro bom indicador de uma reação patológica ao estresse é o neuropeptídeo arginina vasopressina (AVP); ver, por exemplo, Lightman (2008). Tanto o CRH quanto a AVP aumentam rapidamente em reação a uma fonte de estresse aguda, embora o estresse crônico resulte muitas vezes numa redução do CRH ao longo do tempo. Já a AVP, se eleva com o estresse crônico.

4. Ventolini, Neiger et al. (2008); Bevilacqua, Brunelli et al. (2010).
5. Seckl e Holmes (2007); Drake, Tang et al. (2007).
6. Kapoor, Leen et al. (2008); Seckl (2008).
7. Ver, por exemplo, Seckl e Meaney (2006); Kapoor, Petropoulos et al. (2008).
8. Ver *PTSD Forum: Promoting Growth Through Healing*, disponível em: http://wwwptsdforum.org.
9. Laugharne, Janca et al. (2007).
10. Yehuda, Bell et al. (2008); Yehuda e Bierer (2007).
11. Yehuda, Engel et al. (2005); Brand, Engel et al. (2006).
12. Dean, Yu et al. (2001). O efeito dos glicocorticoides sintéticos é altamente específico para cada sexo e depende fundamentalmente do momento em que ocorre a exposição (Kapoor e Matthews, 2008; Kaapor, Kostaki et al., 2009).
13. Kapoor, Petropoulos et al. (2008); Emack, Kostaki et al. (2008).
14. Liu, Diorio et al. (1997); Francis e Meaney (1999); Francis, Champagne et al. (2000).
15. Francis, Diorio et al. (1999).
16. Liu, Diorio et al. (1997).
17. Francis, Champagne et al. (1999); Szyf, Weaver et al. (2005).
18. Weaver, Cervoni et al. (2004).
19. O grupo metila não se liga ao acaso a qualquer trecho do DNA, mas sempre a uma citosina adjacente a uma guanina. Como todas as bases do DNA são separadas por moléculas de fósforo, convencionou-se representar esses locais por "CpG".
20. Goldberg, True et al. (1990); Kaminsky, Petronis et al. (2008); Coventry, Medland et al. (2009).

5. Kentucky Fried Chicken em Bangkok (p.70-87)

1. Neel (1962).
2. Ver, por exemplo, Rothwell e Stock (1981), Speakman (2006, 2008) e Gibson (2007).
3. Neel (1999) abandonou a hipótese dos genes econômicos. Novas versões incluem Prentice, Henning et al. (2008) e Wells (2009).
4. Ver, por exemplo, Hinney, Vogel et al. (2010).
5. Nesse aspecto, a obesidade se parece com muitos outros traços complexos (Petronis, 2001; Smithies, 2005).

6. Para abordagens da história sobre a complexidade dos genes da obesidade, ver Shuldiner e Munir (2003); Damcott, Sack et al. (2003); Swarbrick e Vaisse (2003).
7. De Boo e Harding (2006) é um bom resumo das doenças associadas ao peso dos neonatos.
8. Warner e Ozanne (2010). Essa concepção é chamada também de hipótese da *origem desenvolvimental* para distingui-la das teorias centradas nos genes (McMillen e Robinson, 2005; Waterland e Michels, 2007).
9. Ver, por exemplo, Barker, Robinson et al. (1997) e Hales e Barker (2001).
10. Ver, por exemplo, Susser e Levin (1999).
11. Para revisões, ver Junien e Nathanielsz (2007) e Burdge, Hanson et al. (2007).
12. Seckl (2004); Seckl e Holmes (2007).
13. Lillycrop, Slater-Jefferies et al. (2007); Kim, Friso et al. (2009). Existe uma série de DNA metiltransferases (Dnmt); o debate no texto que se segue diz respeito à Dnmt1.
14. Bellinger e Langley-Evans (2005); Lillycrop, Phillips et al. (2005).
15. Lillycrop, Slater-Jefferies et al. (2007).
16. Não é só a expressão do gene dos receptores de glicocorticoides (*GR*) no fígado que influencia essas condições. Por exemplo, a expressão do *GR* no tecido adiposo (gordura) também desempenha papel importante na síndrome metabólica (ver, por exemplo, Walker e Andrew, 2006). Para um exemplo de como a expressão do *GR* no fígado está relacionada com o diabetes, ver Simmons (2007). Para uma visão geral da relação entre a expressão do *GR* e a síndrome metabólica, ver Witchel e DeFranco (2006). E para uma boa revisão da ação dos glicocorticoides em tecidos específicos, ver Gross e Cidlowski (2008).
17. Meaney, Szyf et al. (2007).
18. Shively, Register et al. (2009).
19. Bjorntorp e Rosmond (2000); Taylor e Poston (2007).
20. Existe uma série de histonas, divididas em cinco classes, que possuem propriedades combinatórias análogas às das bases do código genético, constituindo assim um "código de histonas" (Strahl e Allis, 2000). Poderíamos dizer que se trata, aqui, de um código epigenético. Mas, para mim, toda essa conversa sobre códigos não parece muito proveitosa.
21. Aagard-Tillery, Grove et al. (2008); Delage e Dashwood (2008).

22. Na metilação do DNA, o grupo metila se liga a uma base citosina; na metilação das histonas, o grupo metila se liga a um aminoácido, geralmente a lisina ou a arginina. Como na metilação do DNA, geralmente (mas nem sempre), a metilação das histonas tem um efeito supressivo sobre a expressão gênica. Há uma série de outros tipos de modificações posteriores à tradução das histonas com consequências epigenéticas, incluindo a acetilação, na qual um grupo acetila (CH_3CO) é acrescentado à lisina da histona. A acetilação das histonas geralmente (mas nem sempre) promove a expressão gênica.
23. Lillycrop, Slater-Jefferies et al. (2007).
24. Ver, por exemplo, Simmons (2007); Hess (2009); Zeisel (2009).
25. Kim, Friso et al. (2009).
26. Rogers (2008); Leeming e Lucock (2009).
27. Jones, Skinner et al. (2008); Currenti (2010); Ptak e Petronis (2010).

6. Sobre brotos, árvores e frutos (p.88-101)

1. Beck e Power (1988); Porton e Niebrugge (2002). Não é de surpreender que machos sexualmente tão incompetentes também tenham sucesso reprodutivo reduzido (Meder, 1993; Ryan, Thompson et al., 2002). Porém, o caso dos chimpanzés machos criados por seres humanos é ainda pior. Quase metade deles (46%) não exibe "comportamento sexual apropriado" (King e Mellen, 1994).
2. Para mim, todos os estudos sobre a herança social remontam à pesquisa pioneira de Denenberg e Rosenberg (1967) que demonstrou que a manipulação de ratas fêmeas quando eram filhotes afetava as características emocionais (avaliada pela atividade em campo aberto, que é uma medida aproximada do estresse comportamental) e o peso de seus netos. Esse é, até onde sei, o primeiro registro de um efeito das avós. Acredito que esse trabalho tenha sido quase totalmente ignorado até ter sua importância reconhecida por Michael Meaney e seus colaboradores.
3. Harlow e Zimmerman (1959).
4. Harlow, Harlow et al. (1971).
5. Ruppenthal, Arling et al. (1976); Chapoux, Byrne et al. (1992).
6. Champagne e Meaney (2001).
7. Champagne, Weaver et al. (2006); Champagne e Curley (2009).

8. Champagne, Diorio et al. (2001); Ross e Young (2009).
9. Champagne, Weaver et al. (2006).
10. Bardi e Huffman (2006); McCormack, Sanchez et al. (2006).
11. Sobre o efeito materno nos macacos japoneses, ver Bardi e Huffman (2002, 2006); sobre o efeito materno nos macacos da espécie *Macaca leonina*, ver Weaver, Richardson et al. (2004).
12. Maestripieri (2003, 2005).
13. Greenfield e Marks (2010).
14. Bradley, Binder et al. (2008).
15. Serbin e Karp (2004); Bailey, Hill et al. (2009).
16. McGowan, Sasaki et al. (2009). Ver também Weaver (2009).
17. Patton, Coffey et al. (2001); DiBartolo e Helt (2007); Otani, Suzuki et al. (2009). Ver Joyce, Williamson et al. (2007) sobre os efeitos do controle sem afeto no eixo do estresse.
18. Engert, Joober et al. (2009); Kochanska, Barry et al. (2009); Kaitz, Maytal et al. (2010).
19. Ver, por exemplo, Calatayud e Belzung (2001), Champagne e Meaney (2001) e Weaver (2009).
20. Ver, por exemplo, Calatayud e Belzung (2001) e Champagne e Curley (2009).
21. Tyrka, Wier et al. (2008).
22. Weaver, Meaney et al. (2006).
23. Weaver, Champagne et al. (2005).

7. A herança de Wright (p.102-18)

1. Castle, Carpenter et al. (1906). Para uma breve biografia da vida científica de Castle, ver Snell e Reed (1993).
2. Provine (1986) é uma excelente biografia de Wright, com ênfase em suas contribuições à genética populacional e à biologia evolutiva.
3. Castle e Wright (1916); Wright (1916, 1927).
4. Voisey e Van Daal (2002) fornecem uma abordagem detalhada das ações fisiológicas (no nível molecular) da proteína agouti e de sua regulação.
5. Wilson, Ollmann et al. (1995).
6. Miltenberger, Mynatt et al. (1997); Morgan, Sutherland et al. (1999). A mutação *amarelo viável* ocorre, na verdade, num ponto um pouco

acima do locus agouti. Um elemento genético móvel denominado retrotransposon comanda a chamada expressão ectópica desse gene (Duhl, Stevens et al., 1994; Duhl, Vrieling et al., 1994). Nesse caso, temos um tipo específico de retrotransposon, uma partícula A intracisternal (IAP). As IAPs estão envolvidas em outras mutações dominantes no mesmo locus. É essa partícula que sofre metilação, não o painel de controle do alelo agouti.

7. Wolff, Roberts et al. (1986).
8. Wolff (1996).
9. Michaud, Van Vugt et al. (1994).
10. Morgan, Sutherland et al. (1999).
11. Martin, Cropley et al. (2008).
12. Morgan, Sutherland et al. (1999).
13. Wolff, Kodell et al. (1998); Dolinoy, Weidman et al. (2006).
14. Cropley, Suter et al. (2006). Mas ver também Waterland, Travisano et al. (2007) para uma outra interpretação desses resultados. Blewitt, Vickaryous et al. (2006) fornecem evidências de que o estado de metilação não é, em si mesmo, o estado epigenético herdado nesses experimentos.
15. Rakyan, Preis et al. (2001); Waterland, Travisano et al. (2007).
16. Ver, por exemplo, Reik, Dean et al. (2001).
17. Rakyan, Chong et al. (2003). Curiosamente, a mutação $Axin^{Fu}$, como a A^{vy}, envolve uma IAP (ver nota 6).
18. Revisto in Roemer, Reik et al. (1997). Dois dos melhores exemplos são estudados em Rassoulzadegan, Grandjean et al. (2006) e Rassoulzadegan, Grandjean et al. (2007) envolvendo o *Kit*, outro locus relacionado à coloração da pelagem. Essa forma de herança epigenética parece envolver uma forma de regulação epigenética baseada em RNA da qual tratarei adiante.
19. Martin, Ward et al. (2005); Morak, Schackert et al. (2008). Mas ver também Chong, Youngson et al. (2007).
20. Jablonka e Raz (2009). Uma das razões pelas quais a herança epigenética é muito mais comum nos vegetais (e fungos) é que estes não exibem a segregação precoce da linhagem germinativa característica dos animais pluricelulares. Jablonka e Raz especulam, ainda, que a herança epigenética é mais adaptativa nos vegetais e fungos porque, sem um sistema nervoso complexo, tais seres carecem de plasticidade comportamental. Outra especulação desses autores é a de que haveria uma seleção ativa contra a herança epigenética em animais de alta

mobilidade, pois estes vivem em ambientes menos previsíveis, de modo que há menos correlação entre as condições ambientais de pais, filhos e netos.

21. Ver Jablonka e Raz (2009) para uma revisão aprofundada.
22. Richard (2006) e Henderson e Jacobsen (2007) são excelentes revisões da herança epigenética em vegetais.
23. Stokes, Kundel et al. (2002); Stokes e Richards (2002). Essa forma de herança genética baseada em RNA (ver também nota 18) é muitas vezes tratada como uma paramutação, na qual um epialelo em uma geração afeta a expressão do outro alelo na geração seguinte.
24. Koornneef, Hanhart et al. (1991).
25. Zilberman e Henikoff (2005).
26. A terminologia que adoto aqui é a de Youngson e Whitelaw (2008).
27. Ademais, os netos daqueles que dispunham de comida abundante eram mais suscetíveis ao diabetes (Pembrey, Bygren et al., 2006). Para uma discussão do papel da epigenética dos espermatozoides no desenvolvimento, ver Carrell e Hammoud (2010). Sobre um mecanismo de herança epigenética via histonas e remodelamento da cromatina, ver Puri, Dhawan et al. (2010).

8. O X da questão (p.119-32)

1. Como frisado por Dobyns, Filauro et al. (2004), a maior parte dos traços ligados ao cromossomo X não são nem dominantes nem recessivos, exibindo penetrância variável. No caso do daltonismo, há evidências de uma variabilidade semelhante.
2. Kraemer (2000). Existem, claro, muitos outros fatores que contribuem para o maior risco de mortalidade masculino do que a falta de um segundo cromossomo X. Para um interessante estudo sociológico de como homens e mulheres tendem a explicar essas diferenças, ver Emslie e Hunt (2008).
3. Esse trabalho pioneiro na genética neurobiológica foi realizado por Jeremy Nathans e seus colaboradores (Nathans, Piantanida et al., 1986; Nathans, Thomas et al., 1986). Ver também Nathans (1999).
4. Jordan e Mollon (1993); Jameson, Highnote et al. (2001).
5. A epigenética do cromossomo X remonta à descoberta por Mary Lyon da inativação do X (Lyon, 1961) e Lyon (1989). Susumu Ohno, um gigante no campo da genética, especialmente na pesquisa acerca dos

cromossomos sexuais, foi o primeiro a propor a metilação como mecanismo de inativação (Ohno, 1969). A importante contribuição de Ohno nesse campo é resumida em Riggs (2002). Lyon (1995) é uma visão histórica geral das pesquisas sobre a inativação do cromossomo X. Chow, Yen et al. (2005) fornecem um bom panorama do que se sabe sobre a epigenética da inativação do X. Urnov e Wolffe (2001) têm uma boa história da epigenética que trata do papel da inativação do X no desenvolvimento dessa área (ver também Holliday, 2006). Jablonka (2004) fornece uma perspectiva evolucionária da epigenética da inativação do X.

6. Lyon (1961).
7. Brown e Greally (2003); Berletch, Yang et al. (2010).
8. Namekawa, VandeBerg et al. (2007); Deakin, Chaumeil et al. (2009). Há algum grau de expressão de genes do X paterno em certos tecidos (VandeBerg, Johnston et al., 1983).
9. Algumas características dos autossomos parecem impedir a inativação total; ver, por exemplo, Popova, Tada et al. (2006).
10. O mais impressionante era que Cc não apresentava nenhum sinal da coloração laranja de Rainbow, indicando que um gene ligado ao X envolvido na produção dessa cor de pelo havia sido aleatoriamente desativado ainda no início do desenvolvimento do clone.
11. Isso é, sem dúvida, verdadeiro para os camundongos (Wagschal e Feil, 2006); no caso dos seres humanos, isso não é tão claro (Moreira de Mello, De Araujo et al., 2010).
12. Erwin e Lee (2008).
13. Há algumas evidências disso (Tibério, 1994; Loat, Asbury et al., 2004; Haque, Gottesman et al., 2009). Ademais, há um relato de gêmeas monozigóticas divergentes quanto à deficiência na percepção do verde e do vermelho e que exibem diferentes padrões de inativação nos cromossomos X das células-cones (Jorgensen, Philip et al., 1992).
14. Pardo, Pérez et al. (2007); Rodriguez-Carmona, Sharpe et al. (2008).
15. Verriest e Gonella (1972); Cohn, Emmerich et al. (1989).
16. Deeb (2005) é um bom resumo da biologia molecular aqui discutida. Ver também Hayashi, Motulsky et al. (1999).
17. Jordan e Mollon (1993).
18. Hunt, Williams et al. (1993); Shyue, Hewett-Emmett et al. (1995).
19. Tovee (1993).
20. Jacobs (1998, 2008); Jacobs e Deegan (2003).

9. Cavalos-jumentos (p.133-47)

1. Obtive essas informações on-line em *The Mule Page*, disponível em: http://www.phudpucker.com/mules/mules.htm.
2. *The Reivers* (1962).
3. Existe um déficit cognitivo característico conhecido como fenótipo neurocognitivo de Turner (Ross, Roeltgen et al., 2006), que se restringe principalmente ao raciocínio espacial e matemático. A síndrome de Turner está associada também ao autismo.
4. Há registros de efeitos de origem parental na síndrome de Turner em relação ao crescimento (Hamelin, Anglin et al., 2006; ver também Ko, Kim et al., 2010) e à cognição (ver, por exemplo, Skuse, James et al., 1997, Crespi, 2008).
5. Cassidy e Ledbetter (1989).
6. Chen, Visootsak et al. (2007).
7. Driscoll, Waters et al. (1992); Williams, Angelman et al. (1995).
8. Bittel, Kibiryeva et al. (2005). Esse estado de inativação permanente do X paterno é chamado de dissomia uniparental.
9. Weksberg e Squire (1996); Delaval, Wagschal et al. (2006).
10. Weksberg, Shuman et al. (2005). O tumor de Wilms é um câncer embrionário. Os cânceres embrionários são raros e só costumam ocorrer quando há graves problemas de desenvolvimento.
11. Ver, por exemplo, Reik (1989) e Shire (1989).
12. Reik, Dean et al. (2001).
13. Santos e Dean (2004).
14. Há cada vez mais evidências de defeitos na reprogramação de genes marcados por imprinting em embriões gerados por meio de tecnologias de reprodução assistida (ARTs); ver, por exemplo, Grace e Sinclair (2009), Laprise (2009) e Owen e Segars (2009). A reprogramação defeituosa de genes com imprinting também explicaria por que é tão difícil clonar mamíferos.
15. Lewis e Reik (2006).
16. Quando genes com imprinting paterno têm uma expressão exagerada, o resultado é, muitas vezes, uma placenta maior que o normal; ver, por exemplo, Reik, Constancia et al. (2003) e Fowden, Sibley et al. (2006).
17. O excesso de expressão em genes de imprinting paterno resulta muitas vezes num crescimento exagerado do feto (Cattanach, Beechey et al., 2006; Biliya e Bulla, 2010).

18. O inibidor do IGF2 aqui discutido é chamado de H19 e é um mRNA não traduzido. A regulação do IGF2 é bastante complexa e envolve outros loci e alelos.
19. Esse tipo de dissomia uniparental é responsável por cerca de 20% dos casos da síndrome de Beckwith-Wiedermann (Cooper, Curley et al., 2007).
20. Ver, por exemplo, Bartholdi, Krajewska-Walasek et al. (2009).
21. Kinoshita, Ikeda et al. (2008).
22. As síndromes aqui analisadas são apenas uma pequena amostra dos problemas de saúde que ocorrem quando o imprinting dá errado. Ver Amor e Halliday (2008) para uma revisão dos distúrbios relacionados ao imprinting. Wadhawa, Buss et al. (2009) discutem os distúrbios do imprinting no contexto da epigenética e das doenças em geral. Murphy e Jirtle (2003) debatem os custos da expressão monoalélica num contexto evolucionário.
23. Ver, por exemplo, Vos, Dybing et al. (2000) e Hayes, Stuart et al. (2006).
24. Para uma discussão da plasticidade sexual dos peixes comparada à de outros vertebrados, ver Francis (1992).
25. Gross-Sorokin, Roast et al. (2006). Machos intersexuais – isto é, machos genéticos dotados de ovários – também são comuns (Jobling, Williams et al., 2006).
26. Milnes, Bermudez et al. (2006).
27. Crews (2010) oferece uma excelente visão geral dos desreguladores e dos genes marcados por imprinting. Ver também Prins (2008) e Skimmer, Manikkam et al. (2010).
28. Virtanen, Rajpert-De Meyts et al. (2005); Diamanti-Kandarakis, Bourguignon et al. (2009); Wohlfahrt-Veje, Main et al. (2009); Soto e Sonnenschein (2010). Algumas dessas síndromes de desenvolvimento mais tardio têm origem no locus agouti, que recebe imprinting materno (Morgan, Sutherland et al., 1999). O bisfenol A (BPA) altera a cor da pelagem do A^{vy} em direção à faixa amarela (e portanto, não saudável) do espectro, devido a seus efeitos hipometilantes (Dolinoy, Huang et al., 2007). Curiosamente, o efeito é revertido por uma alimentação rica em ácido fólico. Bernal e Jirtle (2010) advertem que a exposição ao BPA pode ter consequências significativas para a saúde humana, tanto na geração exposta quanto, por herança epigenética, nas gerações futuras.

29. Anway, Cupp et al. (2005).
30. Chang, Anway et al. (2006); Stounder e Paoloni-Giacobino (2010).
31. Anway e Skinner (2008).
32. Shi, Krella et al. (2005).

10. Os ouriços-do-mar não são só comida (p.148-70)

1. Monroy (1986) traça um excelente panorama da importância do ouriço-do-mar na biologia do desenvolvimento.
2. Ver Bodemer (1964) sobre a história da origem do pré-formacionismo. Caspar Friedrich Wolf (1733-1794), considerado um dos pais da embriologia, refutou de forma decisiva as primeiras versões do pré-formacionismo.
3. Para discussões mais detalhadas a respeito das diferenças entre o pré-formacionismo e a epigênese, ver Van Speybroeck, De Waele et al. (2002), e Maienschein (2008).
4. Essa versão do pré-formacionismo foi defendida pela primeira vez por August Weismann e é conhecida como teoria do desenvolvimento em mosaico (ver as referências citadas na nota 3).
5. Scott Gilbert nos dá um bom relato desses experimentos em seu *Developmental Biology* (p.287-9, 3ª ed., 1991).
6. Para meus propósitos aqui, são duas as características dos processos auto-organizadores: em primeiro lugar, os elementos relevantes atuam em paralelo (simultaneamente) e não em sequência; em segundo, a função executiva é distribuída, não centralizada. Ver Berge, Koole et al. (2009) para um bom exemplo de auto-organização durante o desenvolvimento inicial. Nesse estudo, os pesquisadores se concentraram na atividade do gene *Wnt* e demonstraram os efeitos de interações celulares não dirigidas sobre sua expressão.
7. Por essa razão, Driesch pode ser considerado o primeiro proponente da concepção da célula executiva defendida neste livro.
8. Noções sobrenaturais como a de enteléquia costumam ser todas incluídas pelos biólogos na mesma categoria de "vitalismo". Este deve ser distinguido do organicismo, quadro explicativo totalmente materialista (sem recurso ao sobrenatural), mas não reducionista, para a compreensão do desenvolvimento e de outros fenômenos complexos. Por não reducionismo entendo a recusa da ideia de que uma expli-

cação limitada à caracterização das propriedades das partes basta para explicar o todo. Ou, por outra, as explicações reducionistas são feitas sempre de cima para baixo, enquanto as não reducionistas funcionam tanto de baixo para cima quanto no sentido contrário.

Entre os biólogos do desenvolvimento organicistas mais importantes, podemos citar: Karl Ernst von Baer (1792-1876), Charles Otis Whitman (1842-1910), Oskar Hertwig (1849-1922), Hans Spemann (1869-1941), Ross Granville Harrison (1870-1959), Ernest Everett Just (1883-1941), Paul Alfred Weiss (1898-1989), Viktor Hamburger (1900-2001), Joseph Needham (1900-95) e Conrad Waddington (1905-75). Scott Gilbert é um organicista contemporâneo proeminente; ver Gilbert e Sarkar (2000) para uma excelente história do organicismo. Para uma boa abordagem do organicismo contemporâneo (sob outro nome), ver Kirschner, Gerhart et al. (2000). Os organicistas rejeitam a analogia da máquina para os sistemas biológicos. A corrente organicista da biologia do desenvolvimento rejeita o pré-formacionismo.

9. Os epigenesistas não negam a importância dessas condições iniciais (em especial do genoma) na determinação da forma adulta, afirmando apenas que esta não está *contida* em tais condições, ainda que em estado latente.
10. Ao contrário da concepção do genoma executivo, a perspectiva da célula executiva por mim defendida pertence à categoria das versões organicistas da epigênese.
11. Em última instância, eu sugeriria que a intuição diretorial no pré-formacionismo (e no criacionismo) reflete um profundo antropomorfismo surgido da maneira pela qual nos relacionamos com nossos artefatos. Creio que esse antropomorfismo é um grave impedimento à compreensão de processos complexos como o desenvolvimento (e a evolução).
12. Essa ideia é especialmente bem defendida em *The Ontogeny of Information* (1985), de Susan Oyama. Para críticas agudas da metáfora do "genoma como receita/programa", ver Nijhout (1990), Atlan e Koppel (1990), Moss (1992), Fox Keller (1999, 2000) e Pigliucci (2010). Tanto Atlan e Koppel quanto Fox Keller percebem que há um problema com a distinção dados-programa, bem como com a distinção software-hardware aqui mencionada. Nijhout, assim como eu, defende que os genes devem ser tratados como recursos materiais disponíveis ao organismo em desenvolvimento. Essa maneira de pensar sobre

os genes e o genoma é característica também dos adeptos da teoria dos sistemas evolutivos (prefiro o termo "perspectiva dos sistemas evolutivos"). Ver, por exemplo, Oyama (1985) e Griffiths e Gray (1994).

13. Estou desconsiderando o fato de que uma pequena fração das células adquire genomas ligeiramente diferentes através de mutações somáticas. Essas mutações, contudo, não fazem parte da diferenciação celular normal. Devo observar também que as hemácias maduras não possuem genoma.
14. O microRNA canônico é o *lin-4*, identificado pela primeira vez no nematoide *Caenorhabditis elegans* (Horvitz e Sulston, 1980). Seu comprimento é de 22 nucleotídeos, com a estrutura que lembra um grampo de cabelo, característica dos microRNAs. Para boas revisões, ver Eddy (2001) e Storz, Altuvira et al. (2005); ver também Ying, Chang et al. (2008).
15. Originalmente, o termo *interferência de RNA* (RNAi) se referia às ações da classe de RNAs regulatórios não codificantes com características em comum denominados *pequenos RNAs interferentes* (siRNAs); hoje, o grupo dos RNAis inclui também os microRNAs assemelhados.
16. Schickel, Boyerinas et al. (2008).
17. Georgantas, Hildreth et al. (2007).
18. Ver, por exemplo, Stocum (2004) e Straube e Tanaka (2006).
19. Sobre a desdiferenciação no reparo das cartilagens, ver Schulze-Tanzil (2009). Sobre a desdiferenciação no reparo do sistema nervoso periférico, ver Chen, Yu et al. (2007). Bonventre (2003) discute a desdiferenciação no reparo dos rins.
20. Stocum (2002). Curiosamente, substâncias bioquímicas extraídas de anfíbios são capazes de estimular a regeneração em mamíferos, um sinal de que o genoma dessa classe de animais pode responder epigeneticamente de maneira ordenada a influências ambientais às quais nunca seria exposto numa situação normal.
21. Nesses experimentos foram usados fibroblastos (ver Takahashi, Okita et al., 2007); ver também Diez-Torre, Andrade et al. (2009) e Lyssiotis, Foreman et al. (2009). Kim, Zaehres et al. (2008) usaram células-tronco neurais para gerar células pluripotentes. O resultado desses experimentos é chamado de células-tronco pluripotentes induzidas (iPSCs), para distingui-lo das verdadeiras células-tronco embrionárias (ESCs); as iPSCs parecem ter as propriedades essenciais das ESCs,

incluindo a capacidade de se diferenciar em qualquer uma das três camadas germinativas primárias, mas pode haver algumas diferenças sutis (Ou, Wang et al., 2010). Araki, Jincho et al. (2010) documentam os estágios de desdiferenciação do fibroblasto adulto à iPSC.

22. Okano (2009). Os fibroblastos podem ser transformados em neurônios sem passar por um estágio pluripotente (Masip, Veiga et al., 2010). Esse processo é conhecido como transdiferenciação (Collas e Hakelien, 2003).
23. Essa linha de pesquisa teve origem num importante estudo de Mintz e Illmensee (1979), que demonstrou que células malignas de um teratocarcinoma, quando transplantadas para o blastocito (a blástula dos mamíferos) de um camundongo, são normalizadas e contribuem na formação de diversos tipos de tecidos normais. Recentemente, Hochedlinger, Blelloch et al. (2004) transplantaram o genoma de um melanoma de camundongo para um oócito enucleado, do qual obtiveram células-tronco embrionárias normais. A partir dessas células, foram gerados animais de aparência normal.
24. Kulesa, Kasemeier-Kulesa et al. (2006); Hendrix, Seftor et al. (2007).
25. Collas (2010) é um exemplo típico disso, no contexto da diferenciação celular.
26. Sobre a noção minimalista de programação na robótica situada, ver Hendriks-Jansen (1996). Wolfram (2002) oferece uma visão ampliada e semimística do significado de um programa minimalista, motivada pela pesquisa do autor acerca dos autômatos celulares.
27. Passier e Mummery (2003).
28. Ademais, existem diferenças sutis, mas clinicamente relevantes, entre as células-tronco embrionárias (ESCs) e as células-tronco embrionárias induzidas (iPSCs). Por exemplo, as ESCs se mostraram muito mais eficientes em promover a rediferenciação neuronal do que as iPSCs (Tokumoto, Ogawa et al., 2010).
29. Foi assim que Conrad Waddington, que cunhou o termo *epigenética*, descreveu sua origem: "Há alguns anos, introduzi a palavra 'epigenética', derivada do vocábulo aristotélico 'epigênese', que quase não era mais usado, como um nome adequado para o ramo da biologia que estuda as interações causais entre os genes e seus produtos que fazem surgir o fenótipo" (Waddington, 1968).
30. Em suma, a meta de Waddington era uma síntese entre o que então se entendia por "embriologia" e a genética; hoje, chamamos tal

síntese de biologia do desenvolvimento. Considero Waddington o pai da moderna biologia do desenvolvimento.

31. A respeito da primazia causal do genoma ou do citoplasma no contexto da célula, Waddington declarou: "Evidentemente, insistir na discussão *ad infinitum* leva a questões ridículas, como a do que veio primeiro, o ovo ou a galinha, pois, afinal, o gene e o citoplasma dependem um do outro e nenhum dos dois poderia existir sozinho" (Waddington, 1935/1946). Esse é um bom resumo da tese da célula executiva.
32. A receptividade do genoma é expressa no seguinte trecho de Waddington (1962): "A ocorrência quase universal nos organismos superiores de uma relação de mão dupla entre o citoplasma e os genes, de tal maneira que a natureza do primeiro determina a intensidade das sínteses controladas pelos diversos genes do núcleo." Essa descrição também é uma boa caracterização da epigenética moderna.
33. Ver, por exemplo, Gurdon e Melton (2008) e Souza (2010).

11. Reze pelo diabo (p.171-91)

1. Foi assim que Hobbes, em seu *magnum opus*, *Leviatã*, descreveu a condição humana no Estado de natureza, isto é, antes da influência civilizatória do Estado. Na minha edição (organizada por R. Tuck), as palavras exatas são: "E a vida do homem, solitária, pobre, sórdida, embrutecida e curta" (Hobbes, 1996 [1651]).
2. Wroe, McHenry et al. (2005).
3. McCallum (2008).
4. Esse mecanismo pelo qual células cancerosas são transmitidas diretamente de indivíduo para indivíduo é chamado de *aloenxerto* (Pearse e Swift, 2006).
5. A deficiência no reconhecimento imunológico foi atribuída à baixa diversidade nos loci do complexo principal de histocompatibilidade (MHC), cujos produtos proteicos são responsáveis, em certas células imunológicas, pelo reconhecimento das diferenças entre o que faz e o que não faz parte do indivíduo (Siddle, Kreiss et al., 2007). A reduzida variação genética nesses pontos aumenta a probabilidade de que um elemento estranho seja tomado como parte do organismo. Murgia, Pritchard et al. (2006) propuseram que a razão da alta diversidade típica do MHC da maioria dos animais é que esta serviria para prevenir cânceres contagiosos.

6. Sobre o afunilamento nas populações de guepardos, ver O'Brien, Wildt et al. (1983). Sobre a tolerância aos enxertos de pele, ver Sanjayan e Crooks (1996).
7. Murgia, Pritchard et al. (2006).
8. Hsiao, Liao et al. (2008).
9. Pearse e Swift (2006).
10. Ver, por exemplo, Daley (2008).
11. Loh, Hayes et al. (2006). Murchison, Tovar et al. (2010), contudo, propuseram que as células do DFTD são derivadas das células de Schwann, um tipo de glia (células de apoio do sistema nervoso) que fornece nutrientes aos axônios no sistema nervoso periférico.
12. Tu, Lin et al. (2002); Sales, Winslet et al. (2007); Trosko (2009).
13. Schulz e Hatina (2006).
14. Johnsen, Malene Krag et al. (2009).
15. Curtis (1965); Frank e Nowak (2004). Gatenby e Vincent (2003) têm um bom resumo da SMT.
16. Hisamuddin e Yang (2006).
17. Duesberg (2005); Duesberg, Li et al. (2005); Nicholson e Duesberg (2009).
18. Bharadwaj e Yu (2004); Pathak e Multani (2006).
19. Duesberg, Li et al. (2000); Pezer e Ugarkovic (2008).
20. O DFTD é uma linhagem celular clonal que teve origem em um único indivíduo em algum momento anterior a 1996.
21. O CTVT teve origem em algum momento entre 250 e 2.500 anos atrás (Murgia, Pritchard et al., 2006). Frank (2007) considera o CTVT uma espécie genômica distinta, o "cão maligno".
22. Feinberg, Ohlsson et al. (2006); Suijkerbuijk, Van der Wall et al. (2007).
23. Feinberg, Ohlsson et al. (2006).
24. Gaudet, Hodgson et al. (2003).
25. Feinberg, Ohlsson et al. (2006).
26. Lotem e Sachs (2002).
27. Feinberg, Ohlsson et al. (2006).
28. Ver, por exemplo, Ganesan, Nolan et al. (2009).
29. Fassati e Mitchison (2010).
30. Capp (2005) é uma boa introdução a essa abordagem. Ver também Ingber (2002), Soto e Sonnenschein (2004) e Chung, Baseman et al. (2005).
31. Kenny e Bissell (2003). Ver também Bissell e Labarge (2005), Nelson e Bissell (2006) e Kenny, Lee et al. (2007).

Referências bibliográficas

Aagaard-Tillery, K.M., K. Grove et al. "Developmental origins of disease and determinants of chromatin structure: maternal diet modifies the primate fetal epigenome." *J Mol Endocrinol* 41(2), 2008, p.91-102.

Allen, G. *Thomas Hunt Morgan: The Man and his Science*. Princeton, Princeton University Press, 1978.

Amor, D.J. e J. Halliday. "A review of known imprinting syndromes and their association with assisted reproduction technologies". *Hum Reprod* 23(12), 2008, p.2826-34.

Anway, M.D., A.S. Cupp et al. "Epigenetic transgenerational actions of endocrine disruptors and male fertility". *Science* 308(5727), 2005, p.1466-9.

Anway, M.D. e M.K. Skinner. "Epigenetic programming of the germ line: effects of endocrine disruptors on the development of transgenerational disease". *Reprod Biomed Online* 16(1), 2008, p.23-5.

Araki, R., Y. Jincho et al. "Conversion of ancestral fibroblasts to induced pluripotent stem cells". *Stem Cells* 28(2), 2010, p.213-20.

Ashabranner, B.K. *Always to Remember: The Story of the Vietnam Veterans Memorial*. Nova York, Putnam, 1988.

Atlan, H. e M. Koppel. "The cellular computer DNA: program or data". *Bull Math Biol* 52(3), 1990, p.335-48.

Au, T.M., A.K. Greenwood et al. "Differential social regulation of two pituitary gonadotropin-releasing hormone receptors". *Behav Brain Res* 170(2), 2006, p.342-6.

Bailey, J.A., K.G. Hill et al. "Parenting practices and problem behavior across three generations: monitoring, harsh discipline, and drug use in the intergenerational transmission of externalizing behavior". *Dev Psychol* 45(5), 2009, p.1214-26.

Ballestar, E., M. Esteller et al. "The epigenetic face of systemic lupus erythematosus". *J Immunol* 176(12), 2006, p.7143-7.

Bardi, M. e M.A. Huffman. "Effects of maternal style on infant behavior in Japanese macaques (*Macaca fuscata*)". *Dev Psychobiol* 41(4), 2002, p.364-72.

Bardi, M. e M.A. Huffman. "Maternal behavior and maternal stress are associated with infant behavioral development in macaques". *Dev Psychobiol* 48(1), 2006, p.1-9.

Barker, M., S. Robinson et al. "Birth weight and body fat distribution in adolescent girls". *Arch Dis Child* 77(5), 1997, p.381-3.

Bartholdi, D., M. Krajewska-Walasek et al. "Epigenetic mutations of the imprinted IGF2-H19 domain in Silver-Russell syndrome (SRS): results from a large cohort of patients with SRS and SRS-like phenotypes". *J Med Genet* 46(3), 2009, p.192-7.

Beadle, G.W. e E.L. Tatum. "Genetic control of biochemical reactions in Neurospora". *Proc Natl Acad Sci USA* 27(11), 1941, p.499-506.

Beck, B. e M. Power. "Correlates of sexual and maternal competence in captive gorillas". *Zoo Biol* 7, 1988, p.339-50.

Beck, S., A. Olek et al. "From genomics to epigenomics: a loftier view of life". *Nat Biotechnol* 17(12), 1999, p.1144.

Bellinger, L. e S.C. Langley-Evans. "Fetal programming of appetite by exposure to a maternal low-protein diet in the rat". *Clin Sci (Lond)* 109(4), 2005, p.413-20.

Belshaw, R.V. Pereira et al. "Long-term reinfection of the human genome by endogenous retroviruses". *Proc Natl Acad Sci USA* 101(14), 2004, p.4894-9.

Berletch, J.B., F. Yang et al. "Escape from X inactivation in mice and humans". *Genome Biol* 11(6), 2010, p.213.

Bernal, A.J. e R.L. Jirtle. "Epigenomic disruption: The effects of early developmental exposures". *Birth Defects Res A Clin Mol Teratol* 88(10), 2010, p.938-44.

Bettegowda, A., K. Lee et al. "Cytoplasmic and nuclear determinants of the maternal-to-embryonic transition". *Reprod Fertil Dev* 20(1), 2007, p.45-53.

Beurton, P.J., R. Falk et al. *The Concept of the Gene in Development and Evolution: Historical and Epistemological Perspectives*. Cambridge, Cambridge University Press, 2000.

Bevilacqua, E., R. Brunelli et al. "Review and meta-analysis: benefits and risks of multiple courses of antenatal corticosteroids". *J Matern Fetal Neonatal Med* 23(4), 2010, p.244-60.

Bharadwaj, R. e H. Yu. "The spindle checkpoint, aneuploidy, and cancer". *Oncogene* 23(11), 2004, p.2016-27.

Bianco, S.D. e U.B. Kaiser. "The genetic and molecular basis of idiopathic hypogonadotropic hypogonadism". *Nat Rev Endocrinol* 5(10), 2009, p.569-76.

Biliya, S. e L.A. Bulla Jr. "Genomic imprinting: the influence of differential methylation in the two sexes". *Exp Biol Med (Maywood)* 235(2), 2010, p.139-47.

Bissell, M.J. e M.A. Labarge. "Context, tissue plasticity, and cancer: are tumor stem cells also regulated by the microenvironment?". *Cancer Cell* 7(1), 2005, p.17-23.

Bittel, D.C., N. Kibiryeva et al. "Microarray analysis of gene/transcript expression in Angelman syndrome: deletion versus UPD". *Genomics* 85(1), 2005, p.85-91.

Bjorntorp, P. e R. Rosmond. "Obesity and cortisol". *Nutrition* 16(10), 2000, p.924-36.

Blewitt, M.E., N.K. Vickaryous et al. "Dynamic reprogramming of DNA methylation at an epigenetically sensitive allele in mice". *PLoS Genet* 2(4), 2006, p.349.

Blobel, G. "Intracellular protein topogenesis". *Proc Natl Acad Sci USA* 77(3), 1980, p.1496-500.

Bodemer, C.W. "Regeneration and the decline of preformationism in Eighteenth Century embryology". *Bull Hist Med* 38, 1964, p.20-31.

Bonventre, J.V. "Dedifferentiation and proliferation of surviving epithelial cells in acute renal failure". *J Am Soc Nephrol* 14(supl. 1), 2003, p.S55-61.

Booth, A., G. Shelley et al. "Testosterone, and winning and losing in human competition". *Horm Behav* 23(4), 1989, p.556-71.

Bradley, R.G., E.B. Binder et al. "Influence of child abuse on adult depression: moderation by the corticotropin-releasing hormone receptor gene". *Arch Gen Psychiatry* 65(2), 2008, p.190-200.

Brand, S.R., S.M. Engel et al. "The effect of maternal PTSD following in utero trauma exposure on behavior and temperament in the 9-month-old infant". *Ann N Y Acad Sci* 1071, 2006, p.454-8.

Brenner, S., G. Elgar et al. "Characterization of the puffer-fish (Fugu) genome as a compact model vertebrate genome". *Nature* 366(6452), 1993, p.265-8.

Brown, A.S., J. van Os et al. "Further evidence of relation between prenatal famine and major affective disorder." *Am J Psychiatry* 157(2), 2000, p.190-5.

Brown, C. e J. Greally. "A stain upon the silence: genes escaping X inactivation". *Trends Genet* 19, 2003, p.432-8.

Burdge, G.C., M.A. Hanson et al. "Epigenetic regulation of transcription: a mechanism for inducing variations in phenotype (fetal programming) by differences in nutrition during early life?". *Br J Nutr* 97(6), 2007, p.1036-46.

Burmeister, S.S., V. Kailasanath et al. "Social dominance regulates androgen and estrogen receptor gene expression". *Horm Behav* 51(1), 2007, p.164-70.

Calatayud, F. e C. Belzung. "Emotional reactivity in mice, a case of nongenetic heredity?". *Physiol Behav* 74(3), 2001, p.355-62.

Calin, G.A., C.D. Dumitru et al. "Frequent deletions and down-regulation of micro-RNA genes *miR15* and *miR16* at 13q14 in chronic lymphocytic leukemia". *Proc Natl Acad Sci USA* 99(24), 2002, p.15524-9.

Callinan, P.A. e A.P. Feinberg. "The emerging science of epigenomics". *Hum Mol Genet* 15(supl. 1), 2006, p.R95-101.

Campbell, K.H., J. McWhir et al. "Sheep cloned by nuclear transfer from a cultured cell line". *Nature* 380(6569), 1996, p.64-6.

Capp, J.P. "Stochastic gene expression, disruption of tissue averaging effects, and cancer as a disease of development". *BioEssays* 27(12), 2005, p.1277-85.

Carninci, P. e Y. Hayashizaki. "Noncoding RNA transcription beyond annotated genes". *Curr Opin Genet Dev* 17(2), 2007, p.139-44.

Carrell, D.T. e S.S. Hammoud. "The human sperm epigenome and its potential role in embryonic development". *Mol Hum Reprod* 16(1), 2010, p.37-47.

Cassidy, S.B. e D.H. Ledbetter. "Prader-Willi syndrome". *Neurol Clin* 7(1), 1989, p.37-54.

Castle, W.E., F.W. Carpenter et al. "The effects of inbreeding, cross-breeding, and selection upon fertility and variability of Drosophila". *Proc Am Acad Arts Sci* 41, 1906.

Castle, W.E. e S. Wright. "Studies of inheritance in guinea pigs and rats". *Carnegie Inst Wash Publ* 241, 1916, p.163-90.

Cattanach, B.M., C.V. Beechey et al. "Interactions between imprinting effects: summary and review". *Cytogenet Genome Res* 113(1-4), 2006, p.17-23.

Champagne, F.A. e J.P. Curley. "Epigenetic mechanisms mediating the long-term effects of maternal care on development". *Neurosci Biobehav Rev* 33(4), 2009, p.593-600.

Champagne, F.A., J. Diorio et al. "Naturally occurring variations in maternal behavior in the rat are associated with differences in estrogen-inducible central oxytocin receptors". *Proc Natl Acad Sci USA* 98(22), 2001, p.12736-41.

Champagne, F.A. e M.J. Meaney. "Like mother, like daughter: evidence for non-genomic transmission of parental behavior and stress responsivity". *Prog Brain Res* 133, 2001, p.287-302.

Champagne, F.A., I.C. Weaver et al. "Maternal care associated with methylation of the estrogen receptor-alpha1b promoter and estrogen receptor-alpha expression in the medial preoptic area of female offspring". *Endocrinology* 147(6), 2006, p.2909-15.

Champoux, M., E. Byrne et al. "Motherless mothers revisited: Rhesus maternal behavior and rearing history". *Primates* 33, 1992, p.251-5.

Chang, H.S., M.D. Anway et al. "Transgenerational epigenetic imprinting of the male germline by endocrine disruptor exposure during gonadal sex determination". *Endocrinology* 147(12), 2006, p.5524-41.

Chen, C., J. Visootsak et al. "Prader-Willi syndrome: an update and review for the primary pediatrician". *Clin Pediatr (Phila)* 46(7), 2007, p.580-91.

Chen, Z.L., W.M. Yu et al. "Peripheral regeneration". *Annu Rev Neurosci* 30, 2007, p.209-33.

Chong, S., N.A. Youngson et al. "Heritable germline epimutation is not the same as transgenerational epigenetic inheritance". *Nat Genet* 39(5), 2007, p.574-5, resposta do autor, p.575-6.

Chow, J.C., Z. Yen et al. "Silencing of the mammalian X chromosome". *Annu Rev Genomics Hum Genet* 6, 2005, p.69-92.

Christensen, B.C., E.A. Houseman et al. "Aging and environmental exposures alter tissue-specific DNA methylation dependent upon CpG island context". *PLoS Genet* 5(8), 2009, p.e1000602.

Christian, J.C., D. Bixler et al. "Hypogandotropic hypogonadism with anosmia: the Kallmann syndrome". *Birth Defects Orig Artic Ser* 7(6), 1971, p.166-71.

Chung, L.W., A. Baseman et al. "Molecular insights into prostate cancer progression: the missing link of tumor microenvironment". *J Urol* 173(1), 2005, p.10-20.

Chung, Y., C.E. Bishop et al. "Reprogramming of human somatic cells using human and animal oocytes". *Cloning Stem Cells* 11(2), 2009, p.213-23.

Cohn, S.A., D.S. Emmerich et al. "Differences in the responses of heterozygous carriers of colorblindness and normal controls to briefly presented stimuli". *Vision Res* 29(2), 1989, p.255-62.

Collas, P. "Programming differentiation potential in mesenchymal stem cells". *Epigenetics* 5(6), 2010.

Collas, P. e A.M. Hakelien. "Teaching cells new tricks". *Trends Biotechnol* 21(8), 2003, p.354-61.

Cooper, W.N., R. Curley et al. "Mitotic recombination and uniparental disomy in Beckwith-Wiedemann syndrome". *Genomics* 89(5), 2007, p.613-7.

Costa, F.F. "Non-coding RNAs, epigenetics and complexity". *Gene* 410(1), 2007, p.9-17.

Coventry, W.L., S.E. Medland et al. "Phenotypic and discordant-monozygotic analyses of stress and perceived social support as antecedents to or squeals of risk for depression". *Twin Res Hum Genet* 12(5), 2009, p.469-88.

Crespi, B. "Genomic imprinting in the development and evolution of psychotic spectrum conditions". *Biol Rev Camb Philos Soc* 83(4), 2008, p.441-93.

Crews, D. "Epigenetics, brain, behavior, and the environment". *Hormones (Atenas)* 9(1), 2010, p.41-50.

Cropley, J.E., C.M. Suter et al. "Germ-line epigenetic modification of the murine *Avy* allele by nutritional supplementation". *Proc Natl Acad Sci USA* 103(46), p.17308-12.

Currenti, S.A. "Understanding and determining the etiology autism". *Cell Mol Neurobiol* 30(2), 2010, p.161-71.

Curtis, H.J. "Formal discussion of: somatic mutations and nogenesis". *Cancer Res* 25, 1965, p.1305-8.

Dai, Y., L. Wang et al. "Fate of centrosomes following somatic cell nuclear transfer (SCNT) in bovine oocytes". *Reproduction* 131(6), 2006, p.1051-61.

Daley, G.Q. "Common themes of dedifferentiation in somatic cell reprogramming and cancer". *Cold Spring Harb Symp Quant Biol* 73, 2008, p.171-4.

Damcott, C.M., P. Sack et al. "The genetics of obesity". *Endocrinol Metab Clin North Am* 32(4), 2003, p.761-86.

Deakin, J.E., J. Chaumeil et al. "Unraveling the evolutionary origins of X chromosome inactivation in mammals: insights from marsupials and monotremes". *Chromosome Res* 17(5), 2009, p.671-85.

Dean, F., C. Yu et al. "Prenatal glucocorticoid modifies hypothalamus-pituitary-adrenal regulation in prepubertal guinea pigs". *Neuroendocrinology* 73(3), 2001, p.194-202.

De Boo, H.A. e J.E. Harding. "The developmental origins of adult disease (Barker) hypothesis". *Aust N Z J Obstet Gynaecol* 46(1), 2006, p.4-14.

Deeb, S.S. "The molecular basis of variation in human vision". *Clin Genet* 67(5), 2005, p.369-77.

Delage, B. e R.H. Dashwood. "Dietary manipulation of histone structure and function". *Annu Rev Nutr* 28, 2008, p.347-66.

Delaval, K., A. Wagschal et al. "Epigenetic deregulation of imprinting in congenital diseases of aberrant growth". *BioEssays* 28(5), 2006, p.453-9.

Denenberg, V.H. e K.M. Rosenberg. "Nongenetic transmission of information". *Nature* 216(5115), 1967, p.549-50.

De Souza, N. "Primer: induced pluripotency". *Nat Methods* 7(1), 2010, p.20-1.

Diamanti-Kandarakis, E., J.P. Bourguignon et al. "Endocrine-disrupting chemicals: an Endocrine Society Scientific statement". *Endocr Rev* 30(4), 2009, p.293-342.

DiBartolo, P.M. e M. Helt. "Theoretical models of affectionate versus affectionless control in anxious families: a critical examination based on observations of parent-child interactions". *Clin Child Fam Psychol Rev* 10(3), 2007, p.253-74.

Diez-Torre, A., R. Andrade et al. "Reprogramming of melanoma cells by embryonic microenvironments". *Int J Dev Biol* 53(8-10), 2009, p.1563-8.

Dobyns, W.B., A. Filauro et al. "Inheritance of most X-linked traits is not dominant or recessive, just X-linked". *Am J Med Genet A* 129A(2), 2004, p.136-43.

Dolinoy, D.C., D. Huang et al. "Maternal nutrient supplementation counteracts bisphenol A–induced DNA hypomethylation in early development". *Proc Natl Acad Sci USA* 104(32), 2007, p.13056-61.

Dolinoy, D.C., J.R. Weidman et al. "Maternal genistein alters coat color and protects Avy mouse offspring from obesity by modifying the fetal epigenome". *Environ Health Perspect* 114(4), 2006, p.567-72.

Drake, A.J., J.I. Tang et al. "Mechanisms underlying the role of glucocorticoids in the early life programming of adult disease". *Clin Sci (Lond)* 113(5), 2007, p.219-32.

Driscoll, D.J., M.F. Waters et al. "A DNA methylation imprint, determined by the sex of the parent, distinguishes the Angelman and Prader-Willi syndromes". *Genomics* 13(4), 1992, p.917-24.

Duesberg, P. "Does aneuploidy or mutation start cancer?". *Science* 307(5706), 2005, p.41.

Duesberg, P., R. Li et al. "Aneuploidy precedes and segregates with chemical carcinogenesis". *Cancer Genet Cytogenet* 119(2), 2005, p.83-93.

________. "The chromosomal basis of cancer". *Cell Oncol* 27(5-6), 2005, p.293-318.

Duhl, D.M., M.E. Stevens et al. "Pleiotropic effects of the mouse lethal yellow (Ay) mutation explained by deletion of a maternally expressed gene and the simultaneous production of agouti fusion RNAs". *Development* 120(6), 1994, p.1695-708.

Duhl, D.M., H. Vrieling et al. "Neomorphic agouti mutations in obese yellow mice". *Nat Genet* 8(1), 1994, p.59-65.

Eddy, S.R. "Non-coding RNA genes and the modern RNA world". *Nat Rev Genet* 2(12), 2001, p.919-29.

Eilertsen, K.J., R.A. Power et al. "Targeting cellular memory to reprogram the epigenome, restore potential, and improve somatic nuclear transfer". *Anim Reprod Sci* 98(1-2), 2007, p.129-46.

Elgar, G. e T. Vavouri. "Tuning in to the signals: noncoding sequence conservation in vertebrate genomes". *Trends Genet* 24(7), 2008, p.344-52.

Emack, J., A. Kostaki et al. "Chronic maternal stress affects growth, behavior and hypothalamus-pituitary-adrenal function in juvenile offspring". *Horm Behav* 54(4), 2008, p.514-20.

Emslie, C. e K. Hunt. "The weaker sex? Exploring lay understandings of gender differences in life expectancy: a qualitative study". *Soc Sci Med* 67(5), 2008, p.808-16.

Engert, V., R. Joober et al. "Behavioral response to methylphenidate challenge: influence of early life parental care". *Dev Psychobiol* 51(5), 2009, p.408-16.

Erwin, J.A. e J.T. Lee. "New twists in X-chromosome inactivation". *Curr Opin Cell Biol* 20(3), 2008, p.349-55.

Evanson, N.K., J.G. Tasker et al. "Fast feedback inhibition of the HPA axis by glucocorticoids is mediated by endocannabinoid signaling". *Endocrinology* 151(10), 2010, p.4811-9.

Fassati, A. e N.A. Mitchison. "Testing the theory of immune selection in cancers that break the rules of transplantation". *Cancer Immunol Immunother* 59(5), 2010, p.643-51.

Feinberg, A.P., R. Ohlsson et al. "The epigenetic progenitor origin of human cancer". *Nat Rev Genet* 7(1), 2006, p.21-33.

Fishman, L. e J.H. Willis. "A cytonuclear incompatibility causes anther sterility in *Mimulus* hybrids". *Evolution* 60(7), 2006, p.1372-81.

Forterre, P. "Genomics and early cellular evolution: the origin of the DNA world". *C R Acad Sci Ser III* 324(12), 2001, p.1067-76.

_______. "The origin of DNA genomes and DNA replication proteins". *Curr Opin Microbiol* 5(5), 2002, p.525-32.

Fowden, A.L., C. Sibley et al. "Imprinted genes, placental development and fetal growth". *Horm Res* 65(supl. 3), 2006, p.50-8.

Fox Keller, E. "Elusive locus of control in biological development: genetic versus developmental programs". *Exp Zool* 285(3), 1999, p.283-90.

_______. *The Century of the Gene*. Cambridge, Harvard University Press, 2000.

Francis, D.D., F.A. Champagne et al. "Maternal care, gene expression, and the development of individual differences in stress reactivity". *Ann N Y Acad Sci* 896, 1999, p.66-84.

Francis, D.D., F.C. Champagne et al. "Variations in maternal behavior are associated with differences in oxytocin receptor levels in the rat". *J Neuroendocrinol* 12(12), 2000, p.1145-8.

Francis, D., J. Diorio et al. "Nongenomic transmission across generations of maternal behavior and stress responses in the rat". *Science* 286(5442), 1999, p.1155-8.

Francis, D. e M.J. Meaney. "Maternal care and the development of stress responses". *Curr Opin Neurobiol* 9(1), 1999, p.128-34.

Francis, R.C. "Sexual liability in teleosts: developmental factors". *Q Rev Biol* 67(1), 1992, p.1-18.

Francis, R.C., B. Jacobson et al. "Hypertrophy of gonadotropin releasing hormone-containing neurons after castration in the teleost, *Haplochromis burtoni*". *J Neurobiol* 23(8), 1992, p.1084-93.

Francis, R.C., K. Soma et al. "Social regulation of the brain-pituitary-gonadal axis". *Proc Natl Acad Sci USA* 90, 1993, p.7794-8.

Frank, S.A. e M.A. Nowak. "Problems of somatic mutation and cancer". *BioEssays* 26(3), 2004, p.291-9.

Frank, U. "The evolution of a malignant dog". *Evol Dev* 9(6), 2007, p.521-2.

French, M., M. Venu et al. "Non-identical Kallmann's syndrome in otherwise identical twins". *Endocr Abstr* 19, 2009, p.46.

Fulka, J. Jr. e H. Fulka. "Somatic cell nuclear transfer (SCNT) in mammals: the cytoplast and its reprogramming activities". *Adv Exp Med Biol* 591, 2007, p.93-102.

Galvan, A., F.S. Falvella et al. "Genome-wide association study in discordant sib ships identifies multiple inherited susceptibility alleles linked to lung cancer". *Carcinogenesis* 31(3), 2010, p.462-5.

Ganesan, A., L. Nolan et al. "Epigenetic therapy: histone acetylation, DNA methylation and anti-cancer drug discovery". *Curr Cancer Drug Targets* 9(8), 2009, p.963-81.

Gatenby, R.A. e T.L. Vincent. "An evolutionary model of carcinogenesis". *Cancer Res* 63(19), 2003, p.6212-20.

Gaudet, F., J.G. Hodgson et al. "Induction of tumors in mice by genomic hypomethylation". *Science* 300(5618), 2003, p.489-92.

Georgantas, R.W., III, R. Hildreth et al. "CD34+ hematopoietic stem-progenitor cell microRNA expression and function: a diagram of differentiation control". *Proc Natl Acad Sci USA* 104(8), 2007, p.2750-5.

Gibson, G. "Human evolution: thrifty genes and the Dairy Queen". *Curr Biol* 17(8), 2007, p.R295-6.

Gilbert, S.F. *Developmental Biology*, 3ª ed. Sunderland, MA, Sinauer, 1991.

Gilbert, S.F. e S. Sarkar. "Embracing complexity: organicism for the 21st Century". *Dev Dyn* 219(1), 2000, p.1-9.

Goldberg, J., W.R. True et al. "A twin study of the effects of the Vietnam War on posttraumatic stress disorder". *JAMA* 263(9), 1990, p.1227-9.

Grace, K.S. e K.D. Sinclair. "Assisted reproductive technology, epigenetics, and long-term health: a developmental time bomb ticking". *Semin Reprod Med* 27(5), 2009, p.409-16.

Greenfield, E.A. e N.F. Marks. "Identifying experiences of physical and psychological violence in childhood that jeopardize mental health in adulthood". *Child Abuse Negl* 34(3), 2010, p.161-71.

Griffiths, P. e R.D. Gray. "Developmental systems and evolutionary explanation". *J Phil* 91, 1994, p.277-304.

Griffiths, P. e E. Neumann-Held. "The many faces of the gene". *BioScience* 49(8), p.656-62.

Gross, K.L. e J.A. Cidlowski. "Tissue-specific glucocorticoid action: a family affair". *Trends Endocrinol Metab* 19(9), 2008, p.331-9.

Gross-Sorokin, M.Y., S.D. Roast et al. "Assessment of feminization of male fish in English rivers by the Environment Agency of England and Wales". *Environ Health Perspect* 114(supl. 1), 2006, p.147-51.

Guerriero, G. "Vertebrate sex steroid receptors: evolution, ligands, and neurodistribution". *Ann N Y Acad Sci* 1163, 2009, p.154-68.

Gurdon, J.B. e D.A. Melton. "Nuclear reprogramming cells". *Science* 322(5909), 2008, p.1811-5.

Hales, C.N. e D.J.P. Barker. "The thrifty phenotype hypothesis: type 2 diabetes". *Br Med Bull* 60(1), 2001, p.5-20.

Hamelin, C.E., G. Anglin et al. "Genomic imprinting in Turner syndrome: effects on response to growth hormone and on risk of sensorioneural hearing loss". *J Clin Endocrinol Metab* 91(8), 2006, p.3002-10.

Hannes, R.-P., D. Franck et al. "Effects of rank-order fights on whole-body and blood concentrations of androgens and corticosteroids in the male swordtail (*Xiphophorus helleri*)". *Z Tierpsychol* 65, 1984, p.53-65.

Haque, F.N., I.I. Gottesman et al. "Not really identical: epigenetic differences in monozygotic twins and implications for twin studies in psychiatry". *Am J Med Genet C Semin Med Genet* 151C(2), 2009, p.136-41.

Harlow, H.F., M.K. Harlow et al. "From thought to therapy: lessons from a primate laboratory". *Am Sci* 50, 1971, p.538-49.

Harlow, H.F. e R.R. Zimmerman. "Affectional responses in the infant monkey". *Science* 136, 1959, p.421-31.

Hatchwell, E. e J.M. Greally. "The potential role of epigenomic deregulation in complex human disease". *Trends Genet* 23(11), 2007, p.588-95.

Hayashi, T., A.G. Motulsky et al. "Position of a 'green-red' hybrid gene in the visual pigment array determines color-vision phenotype". *Nat Genet* 22(1), 1999, p.90-3.

Hayes, T.B., A.A. Stuart et al. "Characterization of atrazine-induced gonadal malformations in African clawed frogs (*Xenopus laevis*) and comparisons with effects of an androgen antagonist (cyproterone acetate) and exogenous estrogen (17β-estradiol): support for the demasculinization/feminization hypothesis". *Environ Health Perspect* 114(supl. 1), 2006, p.134-41.

Henderson, I.R. e S.E. Jacobsen. "Epigenetic inheritance in plants". *Nature* 447(7143), 2007, p.418-24.

Hendriks-Jansen, H. *Catching Ourselves in the Act: Situated Activity, Integrative Emergence, Evolution, and Human Thought*. Cambridge, MA, MIT Press, 1996.

Hendrix, M.J., E.A. Seftor et al. "Reprogramming metastatic tumor cells with embryonic microenvironments". *Nat Rev Cancer* 7(4), 2007, p.246-55.

Hess, C.T. "Monitoring laboratory values: vitamin B1, vitamin B6, vitamin B12, folate, calcium, and magnesium". *Adv Skin Wound Care* 22(6), 2009, p.288.

Hinney, A., C.I. Vogel et al. "From monogenic to polygenic obesity: recent advances". *Eur Child Adolesc Psychiatry* 19(3), 2010, p.297.

Hipkin, L.J., I.F. Casson et al. "Identical twins discordant for Kallmann's syndrome". *J Med Genet* 27, 1990, p.198-9.

Hipp, J. e A. Atala. "Sources of stem cells for regenerative medicine". *Stem Cell Rev* 4(1), 2008, p.3-11.

Hisamuddin, I.M. e V.W. Yang. "Molecular colorectal cancer: an overview". *Curr Colorectal Cancer*, 2006, p.53-9.

Hobbes, T. *Leviathan* (org. R. Tuck). Nova York, Cambridge University Press, 1996 [1651].

Hoch, S.L. "Famine, disease, and mortality patterns in the parish of Borshevka, Russia, 1830-1912". *Popul Stud (Camb)* 52(3), 1998, p.357-68.

Hochedlinger, K., R. Blelloch et al. "Reprogramming melanoma genome by nuclear transplantation". *Genes Dev* 18(15), 2004, p.1875-85.

Holliday, R. "Endless quest". *BioEssays* 18(1), 1996, p.3-5.

______. "Epigenetics: a historical overview". Epigenetics 1(2), 2006, p.76-80.

Horvitz, H.R. e J.E. Sulston. "Isolation and genetic characterization of cell-lineage mutants of the nematode *Caenorhabditis elegans*". *Genetics* 96(2), 1980, p.435-54.

Hsiao, Y.W., K.W. Liao et al. "Interactions of host IL-6 and IFN-gamma and cancer-derived TGF-betal on MHC molecule expression during tumor spontaneous regression". *Cancer Immunol Immunother* 57(7), 2008, p.1091-104.

Hunt, D.M., A.J. Williams et al. "Structure and evolution of the polymorphic photopigment gene of the marmoset". *Vision Res* 33(2), 1993, p.147-54.

Ikeda, D. e S. Watabe. "[Fugu genome: The smallest genome size in vertebrates]." *Tanpakushitsu Kakusan Koso* 49(14), 2004, p.2235.

Ingber, D.E. "Cancer as a disease of epithelial-mesenchymal actions and extracellular matrix regulation". *Differentiation* 70(9-10), 2002, p.547-60.

Jablonka, E. "The evolution of the peculiarities of mammalian sex chromosomes: an epigenetic view". *BioEssays* 26, 2004, p.1327-32.

Jablonka, E. e M.J. Lamb. "The changing concept of epigenetics". *Ann N Y Acad Sci* 981, 2002, p.82-96.

Jablonka, E. e G. Raz. "Transgenerational epigenetic inheritance: prevalence, mechanisms, and implications for the study of heredity and evolution". *Q Rev Biol* 84(2), 2009, p.131-76.

Jacobs, G.H. "A perspective on color vision in platyrrhine monkeys". *Vision Res* 38(21), 1998, p.3307-13.

______. "Primate color vision: a comparative perspective". *Vis Neurosci* 25(5-6), 2008, p.619-33.

Jacobs, G.H. e J.F. Deegan II. "Cone pigment variations in four genera of New World monkeys". *Vision Res* 43(3), 2003, p.227-36.

Jameson, K.A., S.M. Highnote et al. "Richer color experience in observers with multiple photopigment opsin genes". *Psychon Bull Rev* 8(2), 2001, p.244-61.

Jobling, S., R. Williams et al. "Predicted exposures to steroid estrogens in U.K. rivers correlate with widespread sexual disruption in wild fish populations". *Environ Health Perspect* 114(supl. 1), 2006, p.32-9.

Johnsen, H., K. Malene Krag et al. "Cancer stem cells and the cellular hierarchy in hematological malignancies". *Eur J Cancer* 45, 2009, p.194-201.

Jones, J.R., C. Skinner et al. "Hypothesis: deregulation of methylation of brain-expressed genes on the X chromosome and autism spectrum disorders". *Am J Med Genet A* 146A(17), 2008, p.2213-20.

Jones, P.A. e S.B. Baylin. "The epigenomics of cancer". *Cell* 128(4), 2007, p.683-92.

Jordan, G. e J.D. Mollon. "A study of women heterozygous for color deficiencies". *Vision Res* 33(11), 1993, p.1495-508.

Jorgensen, A.L., J. Philip et al. "Different patterns of X inactivation in MZ twins discordant for red-green color-vision deficiency". *Am J Hum Genet* 51(2), 1992, p.291-8.

Joyce, P.R., S.A. Williamson et al. "Effects of childhood experiences on cortisol levels in depressed adults". *Aust N Z J Psychiatry* 41(1), 2007, p.62-5.

Junien, C. e P. Nathanielsz. "Report on the IASO Stock Conference 2006: early and lifelong environmental epigenomic programming of metabolic syndrome, obesity and type II diabetes". *Obes Rev* 8(6), 2007, p.487-502.

Just, E.E. (1939). *The Biology of the Cell Surface*. Philadelphia, Blakison's, 1939.

Kaitz, M., H.R. Maytal et al. "Maternal anxiety, mother-infant interactions, and infants' response to challenge". *Infant Behav Dev* 33(2), 2010, p.136-48.

Kaminsky, Z., A. Petronis et al. "Epigenetics of personality traits: an illustrative study of identical twins discordant for risk-taking behavior". *Twin Res Hum Genet* 11(1), 2008, p.1-11.

Kapoor, A., A. Kostaki et al. "The effects of prenatal learning in adult offspring is dependent on the timing of the stressor". *Behav Brain Res* 197(1), 2009, p.144-9.

Kapoor, A., J. Leen et al. "Molecular regulation of the hypothalamic-pituitary-adrenal axis in adult male guinea pigs after stress at different stages of gestation". *J Physiol* 586(parte 17), 2008, p.4317-26.

Kapoor, A. e S.G. Matthews. "Prenatal stress modifies behavior and hypothalamic-pituitary-adrenal function in female guinea pig offspring: effects of timing of prenatal stress and stage of reproductive cycle". *Endocrinology* 149(12), 2008, p.6406-15.

Kapoor, A., S. Petropoulos et al. "Fetal programming of hypothalamic-pituitary-adrenal (HPA) axis function and behavior by glucocorticoids". *Brain Res Rev* 57(2), 2008, p.586-95.

Kato, T. "Epigenomics in psychiatry". *Neuropsychobiology* 60(1), 2009, p.2-4.

Kato, T., K. Iwamoto et al. "Genetic or epigenetic differences causing discordance between monozygotic twins as a clue to basis of mental disorders". *Mol Psychiatry* 10(7), 2005, p.622-30.

Katz, L.A. "Genomes: epigenomics and the future of genome sciences". *Curr Biol* 16(23), 2006, p.R996-7.

Kenny, P.A. e M.J. Bissell. "Tumor reversion: correction of malignant behavior by microenvironmental cues". *Int J Cancer* 107 (5), 2003, p.688-95.

Kenny, P.A., G.Y. Lee et al. "Targeting the tumor microenvironment". *Front Biosci* 12, 2007, p.3468-74.

Kim, J.B., H. Zaehres et al. "Pluripotent stem cells induced from adult neural stem cells by reprogramming with two factors". *Nature* 454 (7204), 2008, p.646-50.

Kim, K.C., S. Friso et al. "DNA methylation, an epigenetic mechanism connecting folate to healthy embryonic development and aging". *J Nutr Biochem* 20(12), 2009, p.917-26.

Kimball, J.W. *Kimball's biology pages*, 2010; disponível em: http://users.rcn.com/jkimball.ma.ultranet/BiologyPages/.

King, N.E. e J.D. Mellen. "The effects of early experience on adult copulatory behavior in zoo-born chimpanzees (*Pan troglodytes*)". *Zoo Biol* 13, 1994, p.51-9.

Kinoshita, T., Y. Ikeda et al. "Genomic imprinting: a balance between antagonistic roles of parental chromosomes". *Semin Cell Dev Biol* 19(6), 2008, p.574-9.

Kirschner, M., J. Gerhart et al. "Molecular 'vitalism'". *Cell* 100(1), 2000, p.79-88.

Ko, J.M., J.M. Kim et al. "Influence of parental origin of the X chromosome on physical phenotypes and GH responsiveness of patients with Turner syndrome". *Clin Endocrinol (Oxf)* 73(1), 2010, p.66-71.

Kochanska, G., R.A. Barry et al. "Early attachment organization moderates the parent-child mutually coercive pathway to children's antisocial conduct". *Child Dev* 80(4), 2009, p.1288-300.

Koornneef, M., C.J. Hanhart et al. "A genetic and physiological analysis of late flowering mutants in *Arabidopsis thaliana*". *Mol Gen Genet* 229(1), 1991, p.57-66.

Kraemer, S. "The fragile male". *BMJ* 321(7276), 2000, p.1609-12.

Kulesa, P.M., J.C. Kasemeier-Kulesa et al. "Reprogramming metastatic melanoma cells to assume a neural crest cell-like phenotype in an embryonic microenvironment". *Proc Natl Acad Sci USA* 103(10), 2006, p.3752-7.

Lanctot, C., T. Cheutin et al. "Dynamic genome architecture in the nuclear space: regulation of gene expression in three dimensions". *Nat Rev Genet* 8(2), 2007, p.104-15.

Lander, E.S., L.M. Linton et al. "Initial sequencing and analysis of the human genome". *Nature* 409(6822), 2001, p.860-921.

Lanza, R.P., J.B. Cibelli et al. "Cloning of an endangered species (*Bos gaurus*) using interspecies nuclear transfer". *Cloning* 2(2), 2000, p.79-90.

Laprise, S.L. "Implications of epigenetics and genomic imprinting in assisted reproductive technologies". *Mol Reprod Dev* 76(11), 2009, p.1006-18.

Laugharne, J., A. Janca et al. "Posttraumatic stress disorder and terrorism: 5 years after 9/11". *Curr Opin Psychiatry* 20(1), 2007, p.36-41.

Leeming, R.J. e M. Lucock. "Autism: is there a folate connection?". *J Inherit Metab Dis* 32(3), 2009, p.400-2.

Lewis, A. e W. Reik. "How imprinting centers work". *Citogenet Genome Res* 113(1-4), 2006, p.81-9.

Li, Y., Y. Dai et al. "Cloned endangered species takin (*Budorcas taxicolor*) by inter-species nuclear transfer and comparison of the blastocyst development with yak (*Bos grunniens*) and bovine". *Mol Reprod Dev* 73(2), 2006, p.189-95.

_______. "In vitro development of yak (*Bos grunniens*) embryos generated by interspecies nuclear transfer". *Anim Reprod Sci* 101(1-2), 2007, p.45-59.

Lightman, S.L. "The neuroendocrinology of stress: a never ending story". *J Neuroendocrinol* 20(6), 2008, p.880-4.

Lillycrop, K.A., E.S. Phillips et al. "Dietary protein restrictions of pregnant rats induces and folic acid supplementation prevents epigenetic modification of hepatic gene expression in the offspring". *J Nutr* 135(6), 2005, p.1382-6.

Lillycrop, K.A., J.L. Slater-Jefferies et al. "Induction of altered epigenetic regulation of the hepatic glucocorticoid receptor in offspring of rats fed a protein-restricted diet during pregnancy suggests that reduced DNA methyltransferase-1 expression is involved in impaired DNA methylation and changes in histone modifications". *Br J Nutr* 97(6), 2007, p.1064-73.

Liu, D., J. Diorio et al. "Maternal care, hippocampal glucocorticoid receptors, and hypothalamic-pituitary-adrenal responses to stress". *Science* 277(5332), 1997, p.1659-62.

Loat, C.S., K. Asbury et al. "X inactivation as a source of behavioral differences in monozygotic female twins". *Twin Res* 7(1), p.54-61.

Loh, R., D. Hayes et al. "The immunohistochemical characterization of devil facial tumor disease (DFTD) in the Tasmanian Devil (*Sarcophilus harrisii*)". *Vet Pathol* 43(6), 2006, p.896-903.

Lorthongpanich, C., C. Laowtammathron et al. "Development of interspecies cloned monkey embryos reconstructed with bovine enucleated oocytes". *J Reprod Dev* 54(5), 2008, p.306-13.

Lotem, J. e L. Sachs. "Epigenetics wins over genetics: induction of differentiation in tumor cells". *Semin Cancer Biol* 12(5), 2002, p.339-46.

Lu, J., G. Getz et al. "MicroRNA expression profiles classify human cancers". *Nature* 435(7043), 2005, p.834-8.

Lumey, L.H. "Reproductive outcomes in women prenatally exposed to undernutrition: a review of findings from the Dutch famine birth cohort". *Proc Nutr Soc* 57(1), 1998, p.129-35.

Lumey, L.H. e A.D. Stein. "In utero exposure to famine and subsequent fertility: the Dutch famine birth cohort study". *Am J Public Health* 87(12), 1997, p.1962-6.

Lyon, M.F. "Gene action in the X-chromosome of the mouse (*Mus musculus* L.)". *Nature* 190(4773), 1961, p.372-3.

________. "Possible mechanisms of X chromosome inactivation". *Nat New Biol* 232(34), 1971, p.229-32.

________. "X-chromosome inactivation as a system of gene dosage compensation to regulate gene expression". *Prog Nucleic Acid Res Mol Biol* 36, 1989, p.119-30.

________. "The history of X-chromosome inactivation and relation of recent findings to understanding of human X-linked conditions". *Turk J Pediatr* 37(2), 1995, p.125-40.

Lyssiotis, C.A., R.K. Foreman et al. "Reprogramming of murine fibroblasts to induced pluripotent stem cells with chemical complementation of Klf4". *Proc Natl Acad Sci USA* 106(22), 2009, p.8912-7.

Maestripieri, D. "Similarities in affiliation and aggression between cross-fostered rhesus macaque females and their biological mothers". *Dev Psychobiol* 43(4), 2003, p.321-7.

_______. "Early experience affects the intergenerational transmission of infant abuse in rhesus monkeys". *Proc Natl Acad Sci USA* 102(27), 2005, p.9726-9.

Maienschein, J. "Epigenesis and preformationism". In E.N. Zalta (org.), *Stanford encyclopedia of philosophy*. Stanford, CA, Stanford University, 2008.

Martin, D.I., J.E. Cropley et al. "Environmental influence on epigenetic inheritance at the Avy allele". *Nutr Rev* 66(supl. 1), 2008, p.S12-4.

Martin, D.I., R. Ward et al. "Germline epimutation: a basis for epigenetic disease in humans". *Ann N Y Acad Sci* 1054, 2005, p.68-77.

Masip, M., A. Veiga et al. "Reprogramming with defined factors: from induced pluripotency to induced transdifferentiation". *Mol Hum Reprod* 16(11), 2010, p.856-68.

Mastroeni, D., A. McKee et al. "Epigenetic differences in neurons from a pair of monozygotic twins discordant for disease". *PLoS One* 4(8), 2009, p.e6617.

Mattick, J. (2003). "Challenging the dogma: the hidden layer of protein-coding RNAs in complex organisms". *BioEssays* 25, 2003, p.930-9.

Mattick, J.S. e I. Makunin. "Non-coding RNA". *Hum Mol Genet* 15, 2006, p.R17-29.

McCallum, H. "Tasmanian devil facial tumor disease: lessons for conservation biology". *Trends Ecol Evol* 23(11), 2008, p.631-7.

McClellan, J. e M.C. King. "Genetic heterogeneity in disease". *Cell* 141(2), 2010, p.210-7.

McCormack, K., M.M. Sanchez et al. "Maternal care patterns and behavioral development of rhesus macaque abused infants in the first 6 months of life". *Dev Psychobiol* 48(7), 2006, p.537-50.

McGowan, P.O., A. Sasaki et al. "Epigenetic regulation of the glucocorticoid receptor in human brain associates with childhood abuse". *Nat Neurosci* 12(3), 2009, p.342-8.

Mcmillen, I.C. e J.S. Robinson. "Developmental origins of the metabolic syndrome: prediction, plasticity, and programing". *Physiol Rev* 85(2), 2005, p.571-633.

Meaney, M.J., M. Szyf et al. "Epigenetic mechanisms of perinatal programming of hypothalamic-pituitary-adrenal function and health". *Trends Mol Med* 13(7), 2007, p.269-77.

Meder, A. "The effect of familiarity, age, dominance and rearing on reproductive success of captive gorillas". In R. Kirchshofer (org.), *International Studbook for the Gorilla*. Frankfurt, Frankfurt Zoological Garden, 1993, p.227-36.

Michaud, E.J., M.J. van Vugt et al. "Differential expression of a new dominant agouti allele (*Aiapy*) is correlated with methylation and is influenced by parental lineage". *Genes Dev* 8(12), 1994, p.1463.

Milnes, M.R., D.S. Bermudez et al. "Contaminant feminization and demasculinization of nonmammalian males in aquatic environments". *Environ Res* 100(1), 2006, p.3-17.

Miltenberger, R.J., R.L. Mynatt et al. "The role of the gene in the yellow obese syndrome". *J Nutr* 127(9), 1997, p.1902S.

Mintz, B. e K. Illmensee. "Normal genetically mosaic mice produced from malignant teratocarcinoma cells". *Proc Natl Acad Sci USA* 72(9), 1975, p.3585-9.

Monroy, A. "A centennial debt of developmental biology to the sea urchin". *Biol Bull* 171, 1986, p.509-19.

Morak, M., H.K. Schackert et al. "Further evidence for heritability of an epimutation in one of 12 cases with MLH1 promoter methylation in blood cells clinically displaying HNPCC". *Eur J Hum Genet* 16(7), 2008, p.804-11.

Moreira de Mello, J.C., E.S. de Araújo et al. "Random X inactivation and extensive mosaicism in human placenta revealed by analysis of allele-specific gene expression along the X chromosome". *PLos One* 5(6), 2010, p.e10947.

Morgan, H., H.G. Sutherland et al. "Epigenetic inheritance at the agouti locus in the mouse". *Nat Genet* 23, 1999, p.314-8.

Moss, L. "A kernel of truth? On the reality of the genetic program". *Phil Sci Assoc Proc*, 1992, p.335-48.

Murchison, E.P., C. Tovar et al. "The Tasmanian devil transcription reveals Schwann cell origins of a clonally transmissible cancer". *Science* 327(5961), 2010, p.84-7.

Murgia, C., J.K. Pritchard et al. "Clonal origin and evolution of a transmissible cancer". *Cell* 126(3), 2006, p.477-87.

Murphy, S.K. e R.L. Jirtle. "Imprinting evolution and the price of silence". *BioEssays* 25(6), p.577-88.

Namekawa, S.H., J.L. VandeBerg et al. "Sex chromosome silencing in the marsupial male germ line". *Proc Natl Acad Sci USA* 104(23), 2007, p.9730-5.

Nathans, J. "The evolution and physiology of human color vision: insights from molecular genetic studies of visual pigments". *Neuron* 24(2), 1999, p.299-312.

Nathans, J., T.P. Piantanida et al. "Molecular genetics of inherited variation in human color vision". *Science* 232(4747), 1986, p.203-10.

Nathans, J., D. Thomas et al. "Molecular genetics of human color vision: the genes encoding blue, green, and red pigments". *Science* 232(4747), 1986, p.193-202.

Neel, J.V. "Diabetes mellitus: a 'thrifty' genotype rendered detrimental by 'progress'?". *Am J Hum Genet* 14, 1962, p.353-62.

________. "The 'thrifty genotype' in 1998". *Nutr Rev* 57(5, parte 2), 1999, p.S2-9.

Nelson, C.M. e M.J. Bissell. "Of extracellular matrix, and signaling: tissue architecture regulates development and cancer". *Annu Rev Cell Dev Biol* 22, 2006, p.287-309.

Neugebauer, R., H.W. Hoek et al. "Prenatal exposure to wartime famine and development of antisocial personality disorder in early adulthood". *JAMA* 282(5), 1999, p.455-62.

Newman, S.A. "E.E. Just's 'independent irritability' revisited: the activated egg as excitable soft matter". *Mol Reprod Dev* 76(10), 2009.

Nicholson, J.M. e P. Duesberg. "On the karyotypic origin and evolution of cancer cells". *Cancer Genet Cytogenet* 194(2), 2009, p.96-110.

Niemann, H., X.C. Tian et al. "Epigenetic reprogramming in embryonic and fetal development upon somatic cell nuclear transfer cloning". *Reproduction* 135(2), 2008, p.151-63.

Nijhout, H.F. "Metaphors and the role of genes in development". *BioEssays* 12(9), 1990, p.441-6.

Nobrega, M.A., Y. Zhu et al. (2004). "Megabase deletions of gene deserts result in viable mice". *Nature* 431(7011), 2004, p.988-93.

O'Brien S.J., D.E. Wildt et al. "The cheetah is depauperate in genetic variation". *Science* 221(4609), 1983, p.459-62.

Ohno, S. "The preferential activation of maternally derived alleles in development of interspecific hybrids". *Wistar Inst Symp Monogr* 9, 1969, p.137-50.

Okano, H. "Strategies toward CNS-regeneration using induced pluripotent stem cells". *Genome Inform* 23(1), 2009, p.217-20.

Otani, K., A. Suzuki et al. "Effects of the 'affectionless control' parenting style on personality traits in healthy subjects". *Psychiatry Res* 165(1-2), 2009, p.181-6.

Ou, L., X. Wang et al. "Is iPS cell the panacea?". *IUBMB Life* 62(3), 2010, p.170-5.

Owen, C.M. e J.H. Segars Jr. "Imprinting disorders and assisted reproductive technology". *Semin Reprod Med* 27(5), 2009, p.417-28.

Oyama, S. *The Ontogeny of Information: Developmental Systems and Evolution*. Cambridge, UK, Cambridge University Press, 1985.

Painter, R.C., C. Osmond et al. "Transgenerational effects of prenatal exposure to the Dutch famine on neonatal adiposity and health in later life". *BJOG* 115(10), 2008, p.1243-9.

Painter, R.C., T.J. Roseboom et al. "Adult mortality at age 57 after prenatal exposure to the Dutch famine". *Eur J Epidemiol* 20(8), 2005, p.673-6.

Pardo, P.J., A.L. Perez et al. "An example of sex-linked color vision differences". *Color Res Appl* 32(6), 2007, p.433-9.

Parikh, V.N., T. Clement et al. "Physiological consequences of social descent: studies in *Astatotilapia burtoni*". *J Endocrinol* 190(1), 2006, p.183-90.

Passier, R. e C. Mummery. "Origin and use of embryonic and adult stem cells in differentiation and tissue repair". *Cardiovasc Res* 58(2), 2003, p.324-35.

Pathak, S. e A.S. Multani. "Aneuploidy, stem cells and cancer". *EXS* 96, 2006, p.49-64.

Patton, G.C., C. Coffey et al. "Parental 'affectionless control' in adolescent depressive disorder". *Soc Psychiatry Psychiatr Epidemiol* 36(10), 2001, p.475-80.

Pearse, A.M. e K. Swift. "Allograft theory: transmission of devil facial-tumour disease". *Nature* 439(7076), 2006, p.549.

Pembrey, M.E., L.O. Bygren et al. "Sex-specific, male-line transgenerational responses in humans." *Eur J Hum Genet* 14(2), 2006, p.159-66.

Petronis, A. "Human morbid genetics revisited: relevance of epigenetics." *Trends Genet* 17(3), 2001, p.142-6.

Pezer, Z. e D. Ugarkovic. "Role of non-coding RNA and heterochromatin in aneuploidy and cancer". *Semin Cancer Biol* 18(2), 2008, p.123-30.

Pigliucci, M. "Genotype-phenotype mapping and the end of the 'genes as blueprint' metaphor". *Phil Trans Royal Soc B* 365(1540), 2010, p.557-66.

Pollard, K.S., S.R. Salama et al. "An RNA gene expressed during cortical development evolved rapidly in humans". *Nature* 443(7108), 2006, p.167-72.

Popova, B.C., T. Tada et al. "Attenuated spread of X-inactivation in an X-autosome translocation". *Proc Natl Acad Sci USA* 103(20), 2006, p.7706-11.

Portin, P. "The elusive concept of the gene". *Hereditas* 146(3), 2006, p.112-7.

Porton, I. e K. Niebrugge. "The changing role of handrearing in zoo-based primate breeding programs". In G.P. Sackett, G.C. Ruppenthal e K. Elias (orgs.). *Developments in Primatology, Progress and Prospects: Nursery Rearing of Nonhuman Primates in the 21st Century*. Nova York, Springer, 2002, p.21-31.

Prentice, A.M., B.J. Hennig et al. "Evolutionary origins of the obesity epidemic: natural selection of thrifty genes or genetic drift following predation release?". *Int J Obes (Lond)* 32(11), 2008, p.1607-10.

Prins, G.S. "Endocrine disruptors and prostate cancer risk". *Endocr Relat Cancer* 15(3), 2008, p.649-56.

Provine, W.B. *Sewall Wright and Evolutionary Biology*. Cambridge, MA, MIT Press, 1986.

Ptak, C. e A. Petronis. "Epigenetic approaches to psychiatric disorders". *Dialogues Clin Neurosci* 12(1), 2010, p.25-35.

Puri, D., J. Dhawan et al. "The paternal hidden agenda: inheritance through sperm chromatin". *Epigenetics* 5(5), 2010.

Rakyan, V., M. Blewitt et al. "Metastable epialleles in mammals". *Trends Genet* 18, 2002, p.348-53.

Rakyan, V.K., S. Chong et al. "Transgenerational inheritance of epigenetic states at the murine *Axin(Fu)* allele occurs after maternal and paternal transmission". *Proc Natl Acad Sci USA* 100(5) 2003, p.2538-43.

Rakyan, V.K., J. Preis et al. "The marks, mechanisms and memory of epigenetic states in mammals". *Biochem J* 356(parte 1), 2001, p.1-10.

Rassoulzadegan, M., V. Grandjean et al. "RNA-mediated Mendelian inheritance of an epigenetic change in the mouse". *Nature* 441(7092), 2006, p.469-74.

________. "Inheritance of genetic change in the mouse: a new role for RNA". *Biochem Soc Trans* 35(3), 2007, p.623-5.

Ravelli, A.C., J.H. van der Meulen et al. "Glucose tolerance in adults after prenatal exposure to famine". *Lancet* 351(9097), 1998, p.173-7.

Ravelli, G.P., Z.A. Stein et al. "Obesity in young men after famine exposure in utero and early infancy". *N Engl J Med* 295(7), 1976, p.349-53.

Reik, W. "Genomic imprinting and genetic disorders in man". *Trends Genet* 5(10), 1989, p.331-6.

Reik, W., M. Constancia et al. "Regulation of supply and demand for maternal nutrients in mammals by imprinted genes", *J Physiol* 547(parte 1), 2003, p.35-44.

Reik, W., W. Dean et al. "Epigenetic reprogramming in mammalian development". *Science* 293, 2001, p.1089-92.
Renn, S.C., N. Aubin-Horth et al. "Fish and chips: Functional genomics of social plasticity in an African cichlid fish". *J Exp Biol* 211(parte 18), 2008, p.3041-56.
Revollo, J.R. e J.A. Cidlowski. "Mechanisms generating diversity in glucocorticoid receptor signaling". *Ann N Y Acad Sci* 1179, 2009, p.167-78.
Rheinberger, H.-J. "Gene". *Stanford Encyclopedia of Philosophy*. Stanford, CA, Stanford University Press, 2008.
Richards, E.J. "Inherited epigenetic variation: revisiting soft inheritance". *Nat Rev Genet* 7(5), 2006, p.395-401.
Riggs, A.D. "X chromosome inactivation, differentiation, and DNA methylation revisited, with a tribute to Susumu Ohno". *Cytogenet Genome Res* 99(1-4), 2002, p.17-24.
Rodriguez-Carmona, M., L.T. Sharpe et al. "Sex-related differences in chromatic sensitivity". *Vic Neurosci* 25(3), 2008, p.433-40.
Roemer, I., W. Reik et al. "Epigenetic inheritance in the mouse". *Curr Biol* 7, 1997, p.277-80.
Rogers, E.J. "Has enhanced folate status during pregnancy altered natural selection and possibly autism prevalence? A closer look at a possible link". *Med Hypotheses* 71(3), 2008, p.406-10.
Roseboom, T.J., S. de Rooij et al. "The Dutch famine and its long-term consequences for adult health". *Early Hum Dev* 82(8), 2006, p.485-91.
Roseboom, T.J., J.H. van der Meulen et al. "Blood pressure in adults after prenatal exposure to famine". *J Hypertens* 17(3), 1999, p.325-30.
_______. "Coronary heart disease after prenatal exposure to the Dutch famine, 1944-45". *Heart* 84(6), 2000a, p.595-8.
_______. "Plasma lipid profiles in adults after prenatal exposure to the Dutch famine". *Nutr* 72(5), 2000b, p.1101-6.
Ross, H.E. e L.J. Young. "Oxytocin and the neural mecanisms regulating social cognition and affiliative behavior". *Front Neuroendocrinol* 30(4), 2009, p.534-47.
Ross, J., D. Roeltgen et al. "Cognition and the sex chromosomes: studies in Turner syndrome". *Horm Res* 65(1), 2006, p.47-56.
Rothwell, N.J. e M.J. Stock. "Regulation of energy balance". *Annu Rev Nutr* 1, 1981, p.235-56.
Ruppenthal, G.C., G.L. Arling et al. "A 10-year perspective of motherless-mother monkey behavior". *J Abnorm Psychol* 85(4), 1976, p.341-9.

Ryan, S., S. Thompson et al. "Effects of hand-rearing reproductive success of western lowland gorillas in North America". *Zoo Biol* 21, 2002, p.389-401.

Sales, K.M., M.C. Winslet et al. "Stem cells and overview". *Stem Cell Rev* 3(4), 2007, p.249-55.

Sanjayan, M.A. e K. Crooks. "Skin grafts and cheetahs". *Nature* 381(6583), 1996, p.566.

Santos, F. e W. Dean. "Epigenetic reprogramming during early development in mammals". *Reproduction* 127(6), 2004, p.643-51.

Sapp, J. "'Just' in time: gene theory and the biology of surface". *Mol Reprod Dev* 76(10), 2009, p.903-11.

Schickel, R., B. Boyerinas et al. "MicroRNAs: key players in the immune system, differentiation, tumorigenesis and cell death". *Oncogene* 27(45), 2008, p.5959-74.

Schier, A.F. "The maternal-zygotic transition: death and RNAs". *Science* 316(5823), 2007, p.406-7.

Schubeler, D. "Epigenomics: methylation matters". *Nature* 462(7271), 2009, p.296-7.

Schulz, W.A. e J. Hatina. "Epigenetics of prostate cancer: beyond DNA methylation". *J Cell Mol Med* 10(1), 2006, p.100-25.

Schulze-Tanzil, G. "Activation and dedifferentiation of chondrocytes: implications in cartilage injury and repair". *Ann Anat* 191(4), 2009, p.325-38.

Schwanzel-Fukuda, M., K.L. Jorgenson et al. "Biology of normal luteinizing hormone-releasing hormone neurons during and after their migration from olfactory placode". *Endocr Rev* 13(4), 1992, p.623-34.

Seckl, J.R. "Prenatal glucocorticoids and long-term programming". *Eur J Endocrinol* 151(supl. 3), 2004, p.U49-62.

________. "Glucocorticoids, developmental 'programming' and the risk of affective dysfunction". *Prog Brain Res* 167, 2008, p.17-34.

Seckl, J.R. e M.C. Holmes. "Mechanisms of disease: glucocorticoids, their placental metabolism and fetal 'programming' of adult pathophysiology". *Nat Clin Pract Endocrinol Metab* 3(6), 2007, p.479-88.

Seckl, J.R. e M.J. Meaney. "Glucocorticoid 'programming' and PTSD risk". *Ann N Y Acad Sci* 1071, 2006, p.351-78.

Serbin, L.A. e J. Karp. "The intergenerational transfer of psychosocial risk: mediators of vulnerability and resilience". *Annu Rev Psychol* 55, 2004, p.333-63.

Shi, W., A. Krella et al. "Widespread disruption of genomic imprinting in adult interspecies mouse (*Mus*) hybrids". *Genesis* 43(3) 2005, p.100-8.

Shire, J.G. "Unequal parental contributions: genomic imprinting in mammals". *New Biol* 1(2), 1989, p.115-20.

Shively, C.A., T.C. Register et al. "Social stress, visceral obesity, and coronary artery atherosclerosis: product of a primate adaptation". *Am J Primatol* 71(9), 2009, p.742-51.

Shuldiner, A.R. e K.M. Munir. "Genetics of obesity: more complicated than initially thought". *Lipids* 38(2), 2003, p.97-101.

Shyue, S.K., D. Hewett-Emmett et al. "Adaptive evolution of color vision genes in higher primates". *Science* 269(5228), 1995, p.1265-7.

Siddle, H.V., A. Kreiss et al. "Transmission of a fatal clonal tumor by biting occurs due to depleted MHC diversity in a threatened carnivorous marsupial". *Proc Natl Acad Sci USA* 104(41), 2007, p.16221-6.

Sikela, J.M. "The jewels of our genome: the search for the genomic changes underlying the evolutionarily unique capacities of the human brain". *PLoS Genet* 2(5), 2006, p.e80.

Simmons, R.A. "Developmental origins of diabetes: the role of epigenetic mechanisms". *Curr Opin Endocrinol Diabetes Obes* 14(1), 2007, p.13-6.

Singh, S.M. e R. O'Reilly. "(Epi)genomics and neurodevelopment in schizophrenia: monozygotic twins discordant for schizophrenia augment the search for disease-related (epi)genomic alterations". *Genome* 52(1), 2009, p.8-19.

Skinner, M.K., M. Manikkam et al. "Epigenetic transgerational actions of environmental factors in disease etiology". *Endocrinol Metab* 21(4), 2010, p.214-22.

Skuse, D.H., R.S. James et al. "Evidence from Turner's syndrome of an imprinted X-linked locus affecting cognitive function". *Nature* 387(6634), 1997, p.705-8.

Smith, C. "The effects of wartime starvation in Holland on pregnancy and its product". *Am J Obst Gynecol* 53, 1947, p.599-608.

Smith, F.M., L.J. Holt et al. "Mice with a disruption of imprinted *Grb10* gene exhibit altered body composition, glucose homeostasis, and insulin signaling during postnatal life". *Mol Cell Biol* 27(16), 2007, p.5871-86.

Smithies, O. "Many little things: one geneticist's view of complex diseases". *Nat Rev Genet* 6(5), 2005, p.419-25.

Snell, G.D. e S. Reed. "William Ernest Castle, pioneer mammalian geneticist". *Genetics* 133(4), 1993, p.751-3.

Song, B.S., S.H. Lee et al. "Nucleologenesis and embryonic genome activation are defective in interspecies cloned embryos between bovine ooplasm and rhesus monkey somatic cells". *BMC Dev Biol* 9, 2009, p.44.

Soto, A.M. e C. Sonnenschein. "The somatic mutation of cancer: growing problems with the paradigm?". *BioEssays* 26(10), 2004, p.1097-107.

_______. "Environmental causes of cancer: endocrine disruptors as carcinogens". *Nat Rev Endocrinol* 6(7), 2010, p.363-70.

Speakman, J.R. "Thrifty genes for obesity and the metabolic syndrome: time to call off the search?". *Diab Vasc Dis Res* 3(1), 2006, p.7-11.

_______. "Thrifty genes for obesity, an attractive but flawed idea, and an alternative perspective: the 'drifty gene' hypothesis". *Int J Obes (Lond)* 32(11), 2008, p.1611-7.

Stein, A.D., A.C. Ravelli et al. "Famine, third-trimester pregnancy weight gain, and intrauterine growth: the Dutch Famine Cohort Study". *Hum Biol* 67(1), 1995, p.135-50.

Stein, Z. e M. Susser. "The Dutch Famine, 1944-1945, and the reproductive process. II. Interrelations of caloric rations and six indices at birth". *Pediatr Res* 9(2), 1975, p.76-83.

Stein, Z., M. Susser et al. "Nutrition and mental performance". *Science* 178, 1972, p.706-13.

Stocum, D.L. "Regenerative biology and medicine". *J Musculoskelet Neuronal Interact* 2(3), 2002, p.270-3.

_______. "Amphibian regeneration and stem cells". *Curr Top Microbiol Immunol* 280, 2004, p.1-70.

Stokes, T.L., B.N. Kunkel et al. "Epigenetic variation in Arabidopsis disease resistance". *Genes Dev* 16(2), 2002, p.171-82.

Stokes, T.L. e E.J. Richards "Induced instability of two Arabidopsis constitutive pathogen-response allles". *Proc Natl Acad Sci USA* 99(11), 2002, p.7792-6.

Stoltz, K., P.E. Griffiths et al. "How biologists conceptualize genes: an empirical study". *Stud Hist Phil Biol Biomed Sci* 35, 2004, p.647-73.

Storz, G., S. Altuvia et al. "An abundance of RNA regulators". *Annu Rev Biochem* 74, 2005, p.199-217.

Stouder, C. e A. Paoloni-Giacobino. "Transgenerational effects of the endocrine disruptor vinclozolin on the methylation pattern of imprinted genes in the mouse sperm". *Reproduction* 139(2) 2010, p.373-9.

Strahl, B.D. e C.D. Allis. "The language of covalent histone modifications". *Nature* 403(6765), 2000, p.41-5.

Straube, W.L. e E.M. Tanaka. "Reversibility of the differentiated state: regeneration in amphibians". *Artif Organs* 30(10), 2006, p.743-55.

Suay, F., A. Salvador et al. "Effects of competition and its outcome on serum testosterone, cortisol and prolactin". *Psychoneuroendocrinology* 24(5), 1999, p.551-66.

Suijkerbuijk, K.P., E. van der Wall et al. "[Epigenetic processes in malignant transformation: the role of DNA methylation in cancer development]". *Ned Tijdschr Geneeskd* 151(16), 2007, p.907-13.

Sun, Y.H., S.P. Chen et al. "Cytoplasmic impact on cross-genus cloned fish derived from transgenic common carp (*Cyprinus carpio*) nuclei and goldfish (*Carassius auratus*) enucleated eggs". *Biol Reprod* 72(3), 2005, p.510-5.

Susser, M. e B. Levin. "Ordeals for the fetal hypothesis. The hypothesis largely survives one ordeal but not another". *BMJ* 318(7188), 1999, p.885-6.

Swarbrick, M.M. e C. Vaisse. "Emerging trends for genetic variants predisposing to human obesity". *Curr Opin Clin Nutr Metab Care* 6(4), 2003, p.369-75.

Szyf, M., I.C. Weaver et al. "Maternal programming of steroid receptor expression and phenotype through DNA methylation in the rat". *Front Neuroendocrinol* 26(3-4), 2005, p.139-62.

Taft, R.J., M. Pheasant et al. "The relationship between protein-coding DNA and eukaryotic complexity". *Bio Essays* 29(3), 2007, p.288-99.

Takahashi, K., K. Okita et al. "Induction of pluripotent stem cells from fibroblast cultures". *Nat Protoc* 2(12), 2007, p.3081-9.

Taylor, P.D. e L. Poston. "Developmental programming of obesity in mammals". *Exp Physiol* 92(2), 2007, p.287-298.

Ten Berge, D., W. Koole et al. "Wnt signaling mediates self-organization and axis formation in embryoid bodies". *Cell Stem Cell* 3(5), 2009, p.508-15.

Thomas, C.A.J. "The genetic organization of chromosomes". *Annu Rev Genet* 5, 1971, p.237-56.

Thongphakdee, A., S. Kobayashi et al. "Interspecies nuclear transfer embryos reconstructed from cat somatic cells and bovine ooplasm". *J Reprod Dev* 54(2), 2008, p.142-7.

Tiberio, G. "MZ female twins discordant for X-linked diseases: a review". *Acta Genet Med Gemellol (Roma)*, 43(3-4), 1994, p.207-14.

Tobi, E.W., L.H. Lumey et al. "DNA methylation after exposure to prenatal famine are common and timing- and sex-specific". *Hum Mol Genet* 18(21), 2009, p.4046-53.

Tokumoto, Y., S. Ogawa et al. "Comparison of efficiency of terminal differentiation of oligodendrocytes from induced pluripotent stem cells versus embryonic stem cells in vitro". *J Biosci Bioeng* 109(6), 2010, p.622-8.

Tovee, M.J. "Colour vision in New World monkeys and the single-locus X-chromosome theory". *Brain Behav Evol* 42(2), 1993, p.116-27.

Trosko, J.E. "Review paper. Cancer stem cells and stem cells: from adult stem cells or from reprogramming of differentiated somatic cells". *Vet Pathol Online* 46(2), 2009, p.176-93.

Tu, S.M., S.H. Lin et al. "Stem-cell origin of metastasis and heterogeneity in solid tumours". *Lancet Oncol* 3(8), 2002, p.508-13.

Tweedell, K. "New paths to pluripotent stem cells". *Curr Stem Cell Res Ther* 3, 2008, p.151-62.

Tyrka, A.R., L. Wier et al. "Childhood parental loss and adult hypothalamic-pituitary-adrenal function". *Biol. Psychiat.* 63(12), 2008, p.1147-54.

Uhm, S.J., M.K. Gupta et al. "Expression of enhanced green fluorescent protein in porcine- and bovine-cloned embryos following interspecies somatic cell nuclear transfer of fibroblasts transfected by retrovirus vector". *Mol Reprod Dev* 74, 2007, p.1538-47.

Urnov, F.D. e A.P. Wolffe. "Above and within the genome: epigenetics past and present". *J Mammary Gland Biol Neoplasia* 6(2), 2001, p.153-67.

VandeBerg, J.L., P.G. Johnston et al. "X-chromosome inactivation and evolution in marsupials and other mammals". *Isozymes Curr Top Biol Med Res* 9, 1983, p.201-18.

Van Speybroeck, L., D. de Wade et al. "Theories in early embryology". *Ann N Y Acad Sci* 981, 2002, p.7-49.

Ventolini, G., R. Neiger et al. "Incidence of respiratory disorders in neonates born between 34 and 36 weeks of gestation following exposure to antenatal corticosteroids between 24 and 34 weeks of gestation". *Am J Perinatol* 25(2), 2008, p.79-83.

Verriest, G. e A. Gonella. "An attempt at clinical determination by means of surface colours of the convergence points in congenital and acquired defects of colour vision". *Mod Probl Ophthalmol* 11, 1972, p.205-12.

Virtanen, H.E., E. Rajpert-De Meyts et al. "Testicular dysgenesis syndrome and the development and occurrence of male reproductive disorders". *Toxicol Appl Pharmacol* 207(2, supl.), 2005, p.501-5.

Voisey, J. e A. van Daal. "Agouti: from mouse to man, from skin to fat". *Pigment Cell Res* 15(1), 2002, p.10-8.

Vos, J.G., E. Dybing et al. "Health effects of endocrine-disrupting chemicals on wildlife, with special reference to the European situation". *Crit Rev Toxicol* 30(1), 2000, p.71-133.

Waddington, C. *How Animals Develop*. Londres, George Allen & Unwin, 1946 [1935].

_______. *New Patterns in Genetics and Development*. Nova York, Columbia University Press, 1962.

_______. "The basic ideas of biology". In ___ (org.). *Towards a Theoretical Biology*, v.1, *Prolegomena*. Edinburgo, Edinburgh University Press, 1968, p.1-32.

Wadhwa, P.D., C. Buss et al. "Developmental origins of health and disease: brief history of the approach and current focus on epigenetic mechanisms". *Semin Reprod Med* 27(5), 2009, p.358-68.

Wagschal, A. e R. Feil. "Genomic imprinting in the placenta". *Cytogenet Genome Res* 113(1-4), 2006, p.90-8.

Walker, B.R. e R. Andrew. "Tissue production of cortisol by 11β-hydroxysteroid dehydrogenase type 1 and metabolic disease". *N Y Acad Sci* 1083, 2006, p.165-84.

Warner, M.J. e S.E. Ozanne. "Mechanisms involved developmental programming of adulthood disease". *Biochem J* 427(3), 2010, p.333-47.

Waterland, R.A. e K.B. Michels. "Epigenetic epidemiology of the developmental origins hypothesis". *Annu Rev Nutr* 27(1), 2007, p.367-88.

Waterland, R.A., M. Travisano et al. "Diet-induced hypermethylation at agouti viable yellow is not inherited transgenerationally through the female". *FASEB J* 21(12), 2007, p.3380-5.

Watson, J.D. *The Double Helix: A Personal Account of the Structure of DNA*. Nova York, Atheneum, 1968.

Watson, J.D. e F.H. Crick. "Genetical implications of the structure of deoxyribonucleic acid". *Nature* 171(4361), 1953a, p.964-96.

_______. "Molecular structure of acids: a structure for deoxyribose nucleic acid". *Nature* 171(4356), 1953b, p.737-8.

Weaver, A., R. Richardson et al. "Response to social challenge in young bonnet (*Macaca radiata*) and pigtail (*Macaca nemestrina*) macaques is related to early maternal experiences". *Am J Primatol* 62(4), 2004, p.243-59.

Weaver, I.C. "Shaping adult phenotypes through early life environments". *Birth Defects Res C Embryo Today* 87(4), 2009, p.314-26.

Weaver, I.C., N. Cervoni et al. "Epigenetic programming by maternal behavior". *Nat Neurosci* 7(8), 2004, p.847-54.

Weaver, I.C., F.A. Champagne et al. "Reversal of maternal programming of stress responses in adult offspring through methyl supplementation: altering epigenetic marking later in life". *J Neurosci* 25(47), 2005, p.11045-54.

Weaver, I.C., M.J. Meaney et al. "Maternal care effects on the hippocampal transcriptome and anxiety-mediated behaviors in the offspring that are reversible in adulthood". *Proc Natl Acad Sci USA* 103(9), 2006, p.3480-5.

Weksberg, R., C. Shuman et al. "Beckwith-Wiedemann syndrome". *Am J Med Genet C Semin Med Genet* 137C(1), 2005, p.12-23.

Weksberg, R. e J.A. Squire. "Molecular biology of Beckwith-Wiedemann syndrome". *Med Pediatr Oncol* 27(5), 1996, p.462-9.

Wells, J.C. "Ethnic variability in adiposity and cardiovascular risk: the variable disease selection hypothesis". *Int J Epidemiol* 38(1), 2009, p.63-71.

White, S.A., T. Nguyen et al. "Social regulation of gonadotropin releasing hormone". *J Exp Biol* 205(parte 17), 2002, p.2567-81.

Whitlock, K.E., N. Illing et al. "Development of GnRH cells: setting the stage for puberty". *Mol Cell Endocrinol* 254-255, 2006, p.39-50.

Williams, C.A., H. Angelman et al. "Angelman syndrome: consensus for diagnostic criteria. Angelman Syndrome Foundation". *Am J Med Genet* 56(2), 1995, p.237-8.

Wilmut, I., A.E. Schnieke et al. "Viable offspring derived from fetal and adult mammalian cells". *Nature* 385(6619), 1997, p.810-3.

Wilson, B.D., M.M. Ollmann et al. "Structure and function of ASP, the human homolog of the mouse agouti locus". *Hum Mol Genet* 4(2), 1995, p.223-30.

Witchel, S.F. e D.B. DeFranco. "Mechanisms of disease: regulation of glucocorticoid and receptor levels – impact on the metabolic syndrome". *Nat Clin Pract Endocrinol Metab* 2(11), 2006, p.621-31.

Wohlfahrt-Veje, C., K.M. Main et al. "Testicular dysgenesis syndrome: Foetal origin of adult reproductive problems". *Clin Endocrinol (Oxf)* 71(4), 2009, p.459-65.

Wolff, G.L. "Variability in gene expression and tumor formation within genetically homogeneous animal populations in bioassays". *Fundam Appl Toxicol* 29(2), 1996, p.176-84.

Wolff, G.L., R.L. Kodell et al. "Maternal epigenetics and methyl supplements affect agouti gene expression in Avy/a mice". *FASEB J* 12(11), 1998, p.949-57.

Wolff, G.L., D.W. Roberts et al. "Prenatal determination of obesity, tumor susceptibility, and coat color pattern in viable yellow (Avy/a) mice. The yellow mouse syndrome". *J Hered* 77(3), 1986, p.151-8.

Wolfram, S. *A New Kind of Science*. Champagn, IL, Wolfram Media, 2002.

Wong, A.H., I.I. Gottesman et al. "Phenotypic differences in genetically identical organisms: the epigenetic perspective". *Hum Mol Genet* 14(esp. 1), 2005, p.R11-8.

Wright, S. "An intensive study of the inheritance of color and other coat characters in guinea pigs with special reference to graded variation". *Carnegie Inst Wash Publ* 241, 1916, p.59-160.

_______. "The effects in combination of the major color factors of the guinea pig". *Genetics* 12, 1927, p.530-69.

Wroe, S., C. McHenry et al. "Bite club: comparative bite force in big biting mammals and the prediction of predatory behavior in fossil taxa". *Proc Biol Sci* 272(1563), 2005, p.619-25.

Yan, S.Y., M. Tu et al. "Developmental incompatibility between cell nucleus and cytoplasm as revealed by nuclear transplantation experiments in teleost of different families and orders". *Int J Dev Biol* 34(2), 1990, p.255-66.

Yehuda, R., A. Bell et al. "Maternal, not paternal, PTSD is related to increased risk for PTSD in offspring of Holocaust survivors". *J Psychiatr Res* 42(13), 2008, p.1104-11.

Yehuda, R. e L.M. Bierer. "Transgenerational transmission of cortisol and PTSD risk". *Prog Brain Res* 167, 2007, p.121-35.

Yehuda, R., S.M. Engel et al. "Transgenerational effects of post-traumatic stress disorder in babies of mothers exposed to the World Trade Center attacks during pregnancy". *J Clin Endocrinol Metab* 90(7), 2005, p.4115-8.

Ying, S.Y., D.C. Chang et al. "The microRNA (miRNA): overview of the RNA genes that modulate gene function". *Mol Biotechnol* 38(3), 2008, p.257-68.

Youngson, N.A. e E. Whitelaw. "Transgenerational epigenetic effects". *Annu Rev Genomics Hum Genet* 9(1), 2008, p.233-57.

Zeisel, S.H. "Importance of methyl donors during reproduction". *Am J Clin Nutr* 89(2), 2009, p.673S-7S.

Zilberman, D. e S. Henikoff. "Epigenetic inheritance in *Arabidopsis*: selective silence." *Curr Opin Genet Dev* 15(5), 2005, p.557-62.

Créditos das figuras

Figura 1, p.32. N.A. Campbell, *Biology*, 4ª ed., 1996, Fig. 5.28, p.85.
Figura 2, p.34. N.A. Campbell, *Biology*, 4ª ed., 1996, Fig. 16.4, p.302.
Figura 3, p.48. Diagrama elaborado pelo autor.
Figura 4, p.60. Diagrama elaborado pelo autor.
Figura 5, p.129. S.S. Deeb, 2005, Fig. 5, p.370.
Figura 6, p.159. Diagrama elaborado pelo autor.

Agradecimentos

Os comentários acertados de Tamara Bushnik, Peter Godfrey-Smith e Eva Jablonka me foram de imensa utilidade, e por isso lhes sou profundamente grato. Devo agradecer também à minha agente, Lisa Adams, por seus conselhos e o incentivo durante todo o processo de redação; e a meu editor, Jack Repcheck, por seu entusiasmo e sua orientação.

Índice remissivo

Números de página *em itálico* referem-se a ilustrações.

1ª EDIÇÃO [2015] 7 reimpressões

ESTA OBRA FOI COMPOSTA POR MARI TABOADA EM
DANTE PRO E IMPRESSA EM OFSETE PELA GRÁFICA BARTIRA
SOBRE PAPEL PÓLEN NATURAL DA SUZANO S.A. PARA
A EDITORA SCHWARCZ EM MARÇO DE 2024